# 现代种养技术与经营

苏丽霞　王小梅　赵振欣　主编

吉林科学技术出版社

**图书在版编目(CIP)数据**

现代种养技术与经营 / 苏丽霞, 王小梅, 赵振欣主编. -- 长春: 吉林科学技术出版社, 2023. 7
ISBN 978-7-5744-0818-0

Ⅰ. ①现… Ⅱ. ①苏…②王…③赵… Ⅲ. ①农业技术Ⅳ. ①S

中国国家版本馆 CIP 数据核字(2023)第170116号

# 现代种养技术与经营

主　　编　苏丽霞　王小梅　赵振欣
出 版 人　宛　霞
责任编辑　鲁　梦
封面设计　文　译
制　　版　文　译
幅面尺寸　185mm×260mm
开　　本　16
字　　数　200 千字
印　　张　14.5
印　　数　1–1500 册
版　　次　2023年7月第1版
印　　次　2024年2月第1次印刷

出　　版　吉林科学技术出版社
发　　行　吉林科学技术出版社
地　　址　长春市福祉大路5788号
邮　　编　130118
发行部电话/传真　0431-81629529 81629530 81629531
81629532 81629533 81629534
储运部电话　0431-86059116
编辑部电话　0431-81629518
印　　刷　三河市嵩川印刷有限公司

书　　号　ISBN 978-7-5744-0818-0
定　　价　84.00元

# 目　录

# 第一篇　新型经营篇

## 第一章　新型农业经营主体概述

### 第一节　新中国农业经营主体的发展与演变

千百年来，小农户一直是中国农业经营的绝对主力。在历次重大经济和社会危机中，数量庞大的小农户使农业农村成功发挥了“稳定器”和“蓄水池”的作用，关键时刻甚至“挽救”了中国宏观经济和社会稳定。但是也正是因为小农户是中国农业经营主体的基本面，我国的农业现代化水平在很长一个时期滞后于世界主要大国的水平。但是，改革开放以来，特别是最近三十多年来，随着市场化条件下农业企业、农民合作社、家庭农场等新型农业经营主体的快速崛起，传统意义上的“小农经济”正在发生着深刻的变化，中国的农业发展也因此而变得更加富有活力，并有望走出一条中国特色的农业现代化之路。

#### 一、计划经济体制下农业经营主体的基本格局

新中国成立之初，农业经营的主力军是经过土地改革后实现“耕者有其田”的农民家庭。但是，私有化条件下的小农户总体

上缺乏足够的生产资料和生产技术，农业生产效率极低。这与建国初期快速恢复城市建设和实现工业化起步的战略需求也是不相匹配的。为此，1951 年中央发布《关于农业生产互助合作的决议(草案)》，鼓励农民在私有财产的基础上进行互助合作和成立互助组。但为了克服资本主义的自发趋向，把农民引导到互助合作的轨道上来，并逐步过渡到社会主义，中共中央于 1953 年开始，连续作出合作社化的相关决议，强力推进集体所有制形成。到 1956 年底，全国绝大多数地区已经基本完成了初级形式的农业合作化，大多数省市实现了高级形式的合作化。到 1957 年底，除部分还没有进行土地改革的少数民族地区之外，全国个体农户的比例只剩 3%，生产队一级的基层集体所有全面提高。至此，我国农村的集体所有制初步形成，集体所有制和部分集体所有制的合作经济已经在农业经济中占据了绝对优势地位。换言之，集体所有制基础上的农业合作经营全面取代了土改后基于私有制的家庭经营。

按照当时中央的思路，人民公社是合作社发展的必然趋势，因此要积极推进从生产队小集体所有制向人民公社大集体所有制转变。于是 1958 年 8 月，中共中央制定印发 《关于在农村建立人民公社问题的决议》。决议指出“人民公社的组织规模以一乡一社、2000 户左右农户较为合适，并给出了小社并大社进而升级为人民公社的做法和步骤。”中央试图以人民公社的形式，使社会主义集体所有制向全民所有制过渡，从而全面实现全民所有制。此后，农村基本核算单位上调至人民公社，实现了农村生产资料的完全公有化、农村经济活动的高度集中统一化、农民收入分配的极大平均化。这实际上走向了一个极端，农业经营主体已经从基于合作的小集体上升为大集体，诱发了大量经济和社会重大问题。

为此，农业基本核算单位再次下放。1962 年 2 月中央发布的《关于改变农村人民公社基本核算单位问题的指示》 明确，人民公社的基本核算单位是生产队。此后一直到 1978 年启动农村改革前，尽管中间略有调整，我国农村一直实行“三级所有，队为基础”的集体所有制度。在这个期间，我国农业经营主体总体上稳定在生产队这个小集体层面。

总体而言，计划经济体制下农民在农业生产经营中的主体地位没有得到体现，农业生产积极性受到极大约束。

## 二、市场化条件下的农业经营主体的成长演化

### （一）新型农业经营主体的发展脉络

改革开放以后，家庭联产承包责任制的推行使农业经营的主体从农民集体回归到了农户家庭。这一制度创新成功地解决了农业生产中的监督和激励问题，极大地促进了粮食产量和农业经济的快速增长。但是，随着经济市场化的深入，千家万户的小生产与千变万化的大市场对接问题开始显现。各地开始探索实践多种解决办法。上世纪 90 年代初，山东省率先提出“农业产业化”的概念，其核心是产供销、贸工农、经科教紧密结合的“一条龙”经营体制。1995 年 12 月 11 日的《人民日报》基于山东经验发表了《论农业产业化》的长篇社论。这使农业产业化的思想在全国得到了广泛传播。1997 年“农业产业化”正式进入官方政策文件。其目的主要是为了推动产业链的纵向一体化，解决产销衔接等问题。其中，主要的支持对象就是农业企业。而依托农业企业为核心形成的诸如“公司 + 农户”“公司 + 中介组织 + 农户”等订单式的经营模式得到了大范围推广。1996 年农业部成立了农业产业化办公室，并自 2000 年开始评选国家重点农业产业化龙头企业。截至 2021 年底，共评选出了国家重点农业产业化龙头企业 1959 家。而随着市场化深入发展，企业与农户之间的订单农业也开始出现问题。其集中表现在契约的不稳定性和极高的违约率。特别是，缺乏资本的小农户在利益分配中常常处于被动和不利地位，企业侵犯农民利益的现象屡见不鲜。

为此，尽快提高农民组织化程度、增强农民市场话语权的呼声日盛，并逐步成为社会共识。2003 年全国人大开始研究制定农民合作组织的相关法律，并于 2006 年 10 月底颁布了《中华人民

共和国农民专业合作社法》。该法自2007年7月1日施行以来，农民专业合作社迅猛发展。截至2018年，在工商部门登记的农民专业合作社超过210万家，实有入社农户超过1.2亿户，约占全国农户总数的50%。然而，这一“形势喜人”的数字应该慎重看待，尤其不能放大合作社对农民的实际带动能力。现实中，由于农户间的异质性和现行的政策环境的影响，所谓“假合作社”“翻牌合作社”“精英俘获”“大农吃小农”等不合意现象大量存在，合作社内部治理、收益分配等制度安排与运行机制问题突出。为此，2019年国务院11个部门联合开展了农民专业合作社“空壳社”专项清理工作，大量“僵尸合作社”得到清理整顿。

随着“谁来种地、怎么种地”问题的提出，专业大户、家庭农场开始得到政府重视。2008年党的十七届三中全会的报告在阐述“健全严格规范的农村土地管理制度”时就提出“有条件的地方可以发展专业大户、家庭农场、农民专业合作社等规模经营主体。”彼时，合作社法刚刚施行一年有余，农民合作社正被寄予厚望而如火如荼地发展中，专业大户和家庭农场并未引起各界广泛关注。直到2013年，专业大户、家庭农场被作为新型农业经营主体的重要类型在当年的中央一号文件中得到强调之后，两者（特别是家庭农场）便成为从中央到地方政策文件中出现的高频词汇。2014年农业农村部还专门出台了《农业部关于促进家庭农场发展的指导意见》，2019年中央农办、农业农村部等11部门又联合印发了《关于实施家庭农场培育计划的指导意见》，分别对农场管理、土地流转、社会化服务、财税支持等方面提出了专门的探索和扶持意见。由此，早在上世纪80年代就出现在官方文件中并为大众熟知的“种田能手”“养殖大户”等主体在新时期被赋予新的市场与政策涵义后，又再次进入人们的视野，并在近年得到快速发展。

综上可见，经过四十多年的发展，中国农业的经营主体已然由改革初期相对同质性的农户家庭经营占主导的格局转变为现阶段的多类型经营主体并存的格局。这一演变过程不仅是因为市场化程度的不断深化，也不单是源于政府的政策推动，而是在市场与政策的双重影响下农民对农业经营方式自主选择的结果。

（二）新型农业经营体系的政策性建构

新世纪以来，我国农业现代化同工业化、城镇化、信息化的步伐差距逐渐拉大，农业老龄化、妇女化、弱质化趋势越来越明显，“谁来种地，地怎么种”的问题日益凸显。为此，中共十八大正式提出要构建集约化、专业化、组织化、社会化相结合的新型农业经营体系。2013 年中央农村工作会议和中央一号文件对此作出了相应的年度部署。至此，“新型农业经营主体”一词从学术研究领域“正式”扩展至官方政策视野之中。

2013 年 11 月，十八届三中全会进一步强调，农业经营方式的创新应坚持家庭经营在农业中的基础性地位，推进家庭经营、集体经营、合作经营、企业经营等多种经营形式共同发展，这为新型农业经营体系的构建明确了原则。随后召开的 2014 年中央农村工作会议将所要构建的新型农业经营体系进一步具体描述为：以农户家庭经营为基础、合作与联合为纽带、社会化服务为支撑的立体式复合型现代农业经营体系。这为新型农业经营体系的构建明确了目标。在此基础上，2014 年一号文件又提出“要以解决好地怎么种为导向加快构建新型农业经营体系”。这为新型农业经营体系的构建明确了导向。换言之，“地谁来种”和“地怎么种”两个问题虽然都十分重要，但后者应更为重要；即重点在如何推动有效的农业经营方式的形成，而不是过多关注经营者的身份问题，这也体现了政策的务实性。2014 年 11 月中办国办联合发布了《关于引导农村土地经营权有序流转发展农业适度规模经营的意见》，从引导土地有序流转和促进适度规模经营的角度，在主体培育、生产支持、服务提供、监督引导等多个方面提出了具体思路，这为新型农业经营体系的构建明确了核心抓手。2015 年中央一号文件从改革的角度，对家庭农场、农民合作社、产业化龙头企业等主体的发展及其社会化服务的开展提出了有针对性的措施，这为新型农业经营体系的构建明确了阶段性任务。

从党的十八大到2015年中央一号文件的官方文件看，“谁来种地，地怎么种”的问题已经找到答案。但随着居民消费结构升级、资源环境约束趋紧、国内外农产品市场深度融合和经济发展速度放缓等因素，“十二五”中后期“怎么种好地”的问题又成为了各界关注的重点。于是，国家在农业领域开始聚焦“转方式、调结构”，而新型农业经营主体在“转方式、调结构”中被赋予重要的功能和政策期待。2015年10月国家出台的“十三五”规划纲要明确了新型农业经营主体的定位，即现代农业建设中的引领地位；政府相应的工作重点是建立培育新型农业经营主体的政策体系。至此，农业政策的逻辑重点从“支持谁”正式转换到了“怎么支持”上来。2016年中央一号文件在部署年度任务的同时，将新型服务主体提高到与新型经营主体等同的地位，即都是建设现代农业的骨干力量。这实际上是强调了新型农业经营体系中生产和服务两大子体系的重要性。同年10月国务院发布的《全国农业现代化规划（2016—2020）》进一步明确了“十三五”期间新型经营主体的发展目标和支持政策体系建设的具体任务，特别是强调要通过完善新型经营主体的政策支持体系来推进农业生产的全程社会化服务。2017年的一号文件则对从培育新型经营主体与服务主体的角度推进多种形式的农业规模经营进行了重点部署。

**三、新时代农业经营主体发展的趋势**

党的十九大报告从全局高度，将培育新型农业经营主体作为在新的历史时期更好地解决“小规模经营如何实现农业现代化”——这一改革初期就提出的现实问题的一个重要途径，明确了其在“构建现代农业产业体系、生产体系、经营体系”中的功能定位。在习近平新时代中国特色社会主义理论的指引下，2018年的一号文件按照实施乡村振兴战略的目标和原则，提出要“统筹兼顾培育新型农业经营主体和扶持小农户……培育各类专业化市场化服务组织，推进农业生产全程社会化服务，帮助小农户节本增效……注重发挥新型农业经营主体带动作用，打造区域公用品牌，开展农超对接、农社对接，帮助小农户对接市场……”这表明，中国的农业政策制定者已经充分认识到要推动一个由数亿小农户构成的农民大国走向农业现代化，仅寄希望于打造一批规模化、高效率的新型农业经营主体来替代小农户是不可能的，更重要的是让新型农业经营主体在农业生产经营、社会化服务等多领域多层面发挥带动引领作用，促进小农户和现代农业发展有机衔接。2019 年的一号文件从农村基本经营制度的高度再次强调了农业经营主体多样化的重要性，指出“坚持家庭经营基础性地位，赋予双层经营体制新的内涵。突出抓好家庭农场和农民合作社两类新型农业经营主体……”可见，统筹兼顾新型农业经营主体与小农户的发展，必将与新型农业社会化服务体系的健全和农业支持保护制度的完善等措施一道，为实现新时代中国特色农业现代化起到深刻的理论指导和积极的实践指引作用。

## 第二节　发展新型农业经营主体作用与意义

通过对新中国成立以来农业经营制度变迁的历史梳理以及把脉现阶段农业经营制度面临的主要问题，在未来的中国现代化进程中，应当结合传统小农户发展转型的历史要求与多元新型农业经营主体的发展趋势，健全农业社会化服务体系，发展多种形式的适度规模经营。无论是从政策层面，还是从法律层面，都要努力推动家庭经营基础上的双层经营制度向家庭经营基础上的多元经营制度转变，巩固和完善农村基本经营制度，加快实现农业农村现代化。

### 一、改造传统小农，促进小农户与现代农业发展有机衔接

中国小农户数量众多、分布广泛，存在并将长期大量存在是基本农情。处于转型发展期的中国，绝不能忽视小农、抛弃小农，而是要以改造传统小农为抓手，努力减少小农、提升小农和带动小农。一是要在工业化和城镇化过程中减少小农户数量，推

动农民市民化。中国人多地少、农民众多，只有让更多的小农户从事非农产业，在工业化和城镇化推进过程中，共享发展红利，实现农民向市民的角色转变，中国的农业才有希望，中国的经济发展才可持续。二是要在农业农村现代化过程中提升小农，增强小农户发展能力。小农户的大量存在是一个长期过程，小农户既是保障国家粮食安全的有生力量，也是维护农村社会稳定的群众基础。农业现代化离不开小农户的发展转型，在推进农业农村现代化的过程中，要通过财政、金融、保险等扶持政策提升小农户的经营水平和发展能力，通过加强与新型农业经营主体的合作或联合，实现小农户与现代农业发展有机衔接。三是要在城乡一体化进程中带动小农，培育农村新产业、新业态。从社会形态来看，当前中国正处于从乡土中国向城市中国转变的过渡阶段，即处于城乡中国转型发展时期。在这个过程中，城乡要素双向自由流动是重要特征，国家实施乡村振兴战略不是要用此替代城市化战略，而是将乡村振兴战略置于城乡一体化的布局中推进，坚持以新型城市化为引领，培育和壮大农村新产业、新业态，引导小农户打造“接二连三”、功能多样的现代农业，满足消费者日益增长的物质文化需求。

**二、培育新型农业经营主体，构建多元化的新型农业经营体系**

新型农业经营主体是提升农业竞争力的核心基础，也推动传统农业向现代农业的转变的新兴力量。新世纪以来，在现代农业发展的丰富实践中，涌现出多种形态的新型农业经营主体，这里面既包括依靠小农户自身力量完成内生转型的家庭农场，也包括小农户横向合作经营基础上的农民合作社，还有依靠外来工商资本发展的农业企业等。培育新型农业经营主体，一是要明确多元新型农业经营主体的功能定位，处理好包括小农户在内的不同农业经营主体间的关系。严格来说，不同的新型农业经营主体有着不同的生存逻辑，也有着差异化的功能定位，正是因为不同主体间的共生共存、相互促进，才能发挥现代农业经营的各自功能和整体效用。二是要强化新型农业经营主体的制度供给，构建多元化的新型农业经营体系。就与现阶段的小农户比较而言，各类新型农业经营主体仍属于农业发展经营过程中的新兴事物，因此，一方面需要从资金、人才、服务等方面入手制定有利于新型农业经营主体成长的专门化发展政策，另一方面，需要继续完善农村土地“三权分置”等有利于新型经营农业经营主体壮大的配套性发展政策。三是在农地流转快速推进的过程中，要严守耕地保护红线，警惕新型农业经营主体经营“非农化”和种植“非粮化”，合理利用每一寸土地。

**三、健全农业社会化服务体系，提供多元性质的农业社会化服务**

农业经营主体的成长和发展离不开农业社会化服务体系的有力支撑，农业社会化服务体系建设应当与农业经营体系建设协同推进。无论是小农户，还是新型农业经营主体，农业社会化服务都不可或缺。健全农业社会化服务体系，一是要继续发挥集体经济组织“统”的职能，为各类农业经营主体（尤其是小农户）提供涵盖产前、产中和产后的公益性农业社会化服务。村集体既是中国农村特有的制度安排，在农业现代化发展进程中，村集体有义务也有必要成为提供农业社会化服务的重要力量。二是要鼓励包含农民合作社、家庭农场、农业产业化龙头企业和专业大户在内的新型农业经营主体提供经营性或半公益性质的农业社会化服务，在坚持家庭经营的基础上，发展包括集体经营、合作经营和企业经营在内的多种形式的适度规模经营。事实上，在现代农业的发展过程中，除了经营的规模化，还有服务的规模化，两者都不可偏废，新型农业经营主体在发挥经营本领的同时，也可以提供社会化服务，做到分工合作和优势互补，形成生产小规模、服务规模化的农业规模经营，为实现中国农业农村现代化提供强大支撑。

## 第三节　新型农业经营主体的内涵

新型农业经营主体是在农村出现的新生产模式，主要是指在完善家庭联产承包经营制度的基础上，有文化、懂技术、会经营的职业农民和大规模经营、较高的集约化程度和市场竞争力的农业经营组织。

### 一、新型农业经营主体的类型

新型农业经营主体的类型主要分为4种，即专业大户、家庭农场、农民合作社、农业产业化龙头企业。在新型农业经营体系中，这四大主体是其中的骨干力量。

#### （一）专业大户

专业大户包括种养大户、农机大户等，这里主要指种养大户，是指以种养业为主，以家庭劳动力为主，在自由承包地基础上通过租用村内其他农户家庭的承包土地，扩大种养规模，在地缘基础上“土生土长”的新型农业经营主体。专业大户正如其名.它的主要特点是规模经营与专业化程度高、市场化特征明显。目前，国家还没有专业大户的评定标准，各地各行业的专业大户评定标准也有所差别。区分种养大户与一般农户的标准，主要有两个维度，即规模和专业化。

#### （二）家庭农场

家庭农场是以家庭成员为生产主体的企业化经营单位，具有法人性质，和专业大户相比，虽然都是以家庭为单位，但是其产业链较长，集约化、专业化程度较高，并非简单的从事初级的农产品生产。这种模式集专业化的农产品生产、加工、流通、销售为一体，可以涵盖到第一、第二、第三产业，例如一户人家既种植大规模的土地，又开办了农产品加工厂，还从事乡村旅游或者经营农家乐等。特点就是商品化水平较高，生产技术和装备较为先进，规模化和专业化程度较高，生产效率极高。

（三）农民合作社

农民合作社是农户之间通过土地、劳动力、资金、技术或者其他生产资料采取一定合作方式的经营联合体。这种模式是一种互助性质的农业生产经营组织，其规模更大，专业化水平更高与市场的结合程度也更高，是农民自愿组织起来的联合经营体也就是“抱团取暖”。特点是分工明确，从生产、加工到销售都由专门的团队负责，其生产效率也因此得到提高。

（四）农业产业化龙头企业

农业产业化龙头企业所经营的内容，可以涵盖到整个产业销条，从农产品的种植与加工、仓储、物流运输、销售甚至科研组织化程度和专业化都比较高，通常与农户的合作社模式主要有“企业＋基地＋农户”“企业＋专业合作社＋基地＋农户”等。在实现自身发展的同时，也能带动农户的发展，甚至带动一个区域的特色农产品的发展。

**二、新型农业经营主体的特征**

（一）以市场化为导向

自给自足是传统农户的主要特征，商品率较低。在工业化城镇化的大背景下，根据市场需求发展商品化生产是新型农业经营主体发育的内生动力。无论专业大户、家庭农场，还是农民合作社、龙头企业，都围绕提供农业产品和服务组织开展生产经营活动。

（二）以专业化为手段

传统农户生产“小而全”，兼业化倾向明显。随着农村生产力水平提高和分工分业发展，无论是种养、农机等专业大户，还是各种类型的农民合作社，都集中于农业生产经营的某一个领域、品种或环节，开展专业化的生产经营活动。

（三）以规模化为基础

受过去低水平生产力的制约，传统农户扩大生产规模的能力较弱。随着农业生产技术装备水平提高和基础设施条件改善，特别是大量农村劳动力转移后释放出土地资源，新型农业经营主体为谋求较高收益，着力扩大经营规模、提高规模效益。

（四）以集约化为标志

传统农户缺乏资金、技术，主要依赖增加劳动投人提高土地产出率。新型农业经营主体发挥资金、技术、装备、人才等优势，有效集成利用各类生产要素，增加生产经营投人，大幅度提高了土地产出率、劳动生产率和资源利用率。

**三、各类农业经营主体的关系**

从普通农户、专业大户、家庭农场、农民合作社到龙头企业，它们同时共存，又存在着内在的演变路径，从普通农户到龙头企业，内在地呈现出一个从初级到高级的农业经营主体创新的演变过程。

传统农耕社会，农业经营模式采用的都是以户为单位的家庭经营，普通农户在现代市场经济时代，逐渐难以应付多变的市场风险、政策风险，弊端逐渐显露。在家庭联产承包责任制下，种养能手会承包大片土地，利用自身的经验、技术进行农业经营。20 世纪 70 年代末，80 年代初，我国通过农村改革构建了以权产家庭承包经营为基础、统分结合的农业双层经营体制，形成了农户家庭经营“小而全”“小而散”的格局。在种养大户的基础上，又逐渐形成家庭农场，家庭农场的规模比专业大户的经营规模大，种养品种多，应对市场风险、自然风险的能力强，成为农业经营体系的重要力量。农业的发展经营模式业种多样，无论是普通农户、专业大户还是家庭农场，都是以一家之力与市场抗衡，合作社的出现使得农户走向联合，土地大规模向合作社资转，技术、人才、经验、机械等各种资源在合作社汇聚，农户通过合作社取得了更大的市场话语权，生产效益从而得到提高。合作社不管成员人股多少，实行一人一票，合作社与成员之间形成利益共享、风险共担的经济共同体，所导致的效率低下与积极性不高的问题一直受人诟病。工商资本与现代管理制度的引入克服了这些问题，农业企业通过延长产业链，发展加工产品，企业家在农业上看到了客观的利润，企业拥有资本充裕的优势，恰好克服了合作社启动资金缺乏的问题。

五个农业经营主体之间长期共存，形成优势互补的整体，各自都无法相互取代，认清各个主体发展的利弊，能帮助生产经营者对农业经营模式的选择。

# 第二章　农民合作社的经营与管理

## 第一节　农民合作社的创办

### 一、确定业务范围和发展目标

（一）确定合作社的业务范围

成立合作社，经营什么业务是首先要解决的问题。经营业务不仅要列入合作社章程，还要由工商部门登记予以确认。合作社确定自己的经营业务，要在符合国家产业政策和本社章程规定的提下，根据成员生产发展的需要，结合本社实际发展情况，确定经营服务的内容，并逐步扩展合作社对成员服务的功能。

一般农民专业合作社主要的生产经营业务可以分为以下几类。

1.农业生产经营中的技术培训。

2.新品种引进。

3.提供农业生产资料的购买。

4.农产品的贮藏。

5.运输与销售服务。

6.产品加工增值。

7.信息服务。

8.其他。

需要注意的是，确定的生产经营业务要符合成员的需要，还要发挥当地自然、经济、社会等方面的优势，不合理的经营业务会使合作社的发展受到极大的阻碍。

（二）确定合作社的发展目标

适常合作社发发展目标，包括经济和社会两个最主要的目标。经济目标主要是为了提供技术、信息、产品销售等服务，帮助农民民是提高经济收入；社会目标是在经济目标的基础上，追求合作社的理念和价值，实现社会公正与共同致富。由此可见，农民要考虑到给自己带来的好处，才会考虑是否加入合作社。以前，办合作社是为了能够获得或者可以更多地获得国家政策补贴与支持，因为大部分合作社都是农民自发组织成立的，农民本身处于弱势阶段，需要政府的扶持才能更好地改善农户市场竞争地位、增加农民经营收人。

现在，办合作社首先得有服务农民的胸怀，得有踏实经营农业的决心，更要有投身农业、实现自我价值的理想和抱负。不再是仅为了实现生理，安全和社会上的需实，更是要上升尊重和自我实现的高度。真正与农民结成利益共同体，因为合作社是要盈利的。

## 二、确定合作社的名称和住所

（一）确定合作社的名称

农民专业合作社的名称，是指合作社用以相互区别的固定称呼，是合作社人格特定化的标志，是合作社设立、登记并开展经营活动的必要条件。一般来说，农民专业合作社的名称可以由地域、字号、产品、“专业合作社”字样依次组成。

当你想注册合作社的时候，首先要考虑的就是要给合作社起个好名字。就像给人起名字要确定“姓”和“名”两部分，合作社命名也有自己的规定和学问。好多合作社缺少对合作社命名的了解，以为合作社名字可以随便起随便叫。合作社名称是注册登记合作社的十分重要的一项内容，如果名称不合格，合作社是没法注册的。为了让合作社了解更多的合作社起名信息，鄙人把现行法律法规的相关规定列出来，供大家参考。

合作社在正式登记之前，要提前去当地工商局去申请名称预先核准，该项内容需要向合作社住所所在地的登记机关提交：1.全体设立人指定代表或者委托代理人签署的《农民专业合作社名称预先核准申请书》；2.全体设立人签署的《指定代表或者委托代理人的证明》。

农民专业合作社名称由四个部分组成：行政区划、字号、行业、组织形式。名称中的行政区划是指农民专业合作社住所所在地的县级以上（包括市辖区）行政区划名称。名称中的字号应当由 2 个以上的汉字组成，可以使用农民专业合作社成员的姓名作字号，不得使用县级以上行政区划名称作字号。名称中的行业用语应当反映农民专业合作社的业务范围或者经营特点。名称中的组织形式应当标明 “专业合作社” 字样。名称中不得含有“协会”、“促进会”、“联合会”等具有社会团体性质的字样。

除了名字的要求，预先核准申请书还要求填写以下内容：

一、农民专业合作社的业务范围包括：农业生产资料的购买，农产品的销售、加工、运输、贮藏以及与农业生产经营有关的技术、信息等服务。

二、农民专业合作社的住所是其主要办事机构所在地，填写住所应当标明住所所在县（市、区）、乡（镇）及村、街道的门牌号码。

三、农民专业合作社设立时自愿成为该社成员的人为设立人；设立人写不下的，可另备页面载明。

四、农民专业合作社的成员应当符合《农民专业合作社登记管理条例》第十三条、第十四条的规定。成员类型：分为农民成员、非农民成员、单位成员（企业、事业单位或者社会团体）三类。

五、证照类别：农民成员为农业人口户口薄；非农民成员为居民身份证；单位成员为其登记机关颁发的企业营业执照或者登记证书。

六、应当使用钢笔、毛笔或签字笔工整地填写表格或签名。

（二）确定合作社的住所

农民专业合作社的住所是指法律上确认的农民专业合作社的主要经营场所。住所是农民专业合作社注册登记的事项之一，合作社变更住所，也必须办理变更登记。经工商行政管理机关登记的农民专业合作社的住所只能有一个，其住所可以是专门的场所，也可以是某个成员的家庭住址，这也是农民专业合作社的组织特征和服务内容所决定的。合作社的住所应当在登记机关管辖区域内。

（三）发动农民入社

组织和发动农民入社，是设立合作社的重要工作。在发动农民加入合作社时，一方面，要通过认真学习《农民专业合作社法》，正确认识什么是农民专业合作社，让农民了解参加合作社会有什么好处；另一方面，还要宣传成为合作社成员的条件及权利、义务。通过这些工作，使农民对合作社有一个正确的认识和心理准备，并通过自己的判断，自主做出是否加入合作社的决定。也只有这样做，合作社的发展才会有一个良好的开端。

**三、制定农民专业合作社章程**

（一）合作社章程的内容

按照《农民专业合作社法》第十五条规定，农民专业合作社章程至少应当载明以下内容。

1.名称和住所。

2.业务范围。

3.成员资格及入社、退社和除名。

4.成员的权利和义务。

5.组织机构及其产生办法、职权、任期、议事规则。

6.成员的出资方式、出资额，成员出资的转让、继承、担保。

7.财务管理和盈余分配、亏损处理。

8.章程修改程序。

9.解散事由和清算办法。

10.公告事项及发布方式。

11.附加表决权的设立、行使方式和行使范围。

12.需要载明的其他事项。

（二）制定章程的注意事项

凡是办得好的合作社，都是因为有一个符合实际的好的章程，并坚持按照章程的规定办事。农民专业合作社的章程，可能因为产业不同、产品不同、地区不同而有所差异。农民专业合作社在制定章程时，在参照《农民专业合作社示范章程》的同时，还需从本社实际出发，并注意以下几点：

首先，章程的制定要遵守法律法规。如果章程的内容与相关法律法规矛盾，则章程无效，不仅如此，还会给合作社的发展、成员的利益带来负面影响。

其次，章程的制定必须充分发扬民主，由全体成员共同讨论形成。章程应当是全体设立人真实意思的表示。在制定过程中，每个设立人必须充分发表自己的意见，每条每款必须取得一致。只有充分发扬民主制定出来的章程，才能对每个成员起到约束作用，才能很好地得到遵循，也才能调动各方面参与合作社的管理与发展的积极性。

第三，章程的内容要力求完善。合作社如何设立，设立后如何运作，如何实现民主管理，该规定的事项应该尽量规定，这样，才可以在出现问题后有章可循，防止一个人说了算的现象发生。强调合作社章程的完善，并不是强调章程要事无巨细地做出规定，而是就重大事项进行原则性规定。同时，章程的完善也有一个过程，可以在发展中逐步完善。

第四，章程的制定和修改必须按法定程序进行。为保证章程的稳定性和严肃性，《农民专业合作社法》规定，章程要由全体设立人一致通过。为保障全体设立人在对章程认可上的真实性，还应当采用书面形式，由每个设立人在章程上签名、盖章。章程在合作社的存续期内并不是一成不变的，是可以逐步完善的，但是，修改章程要经由成员大会做出修改章程的决议。

（三）合作社章程的贯彻与执行

章程作为农民专业合作社依法制定的重要的规范性文件，作为农民专业合作社的组织和行为基本准则的规定，对理事长、理事会成员、执行监事或者监事会成员等合作社的所有成员都具有约束力，必须严格遵守执行。

合作社的章程一般是原则性规定。在合作社的兴办过程中，还可以根据发展的实际需要，制定若干个专项管理制度，对某个方面的事项做出具体规定，进而把章程的规定进一步细化和落到实处。一般而言，合作社可以制定成员大会、成员代表大会、理事会、监事会的议事规则，管理人员、工作人员岗位责任制度，劳动人事制度，产品购销制度，产品质量安全制度，集体资产管理和使用制度，财务管理制度，收益分配制度等专项制度。这些制度的制定，有的需要由理事会研究决定，有的还需要成员大会研究通过，并向成员公示，以便成员监督执行。

需要指出的是，章程作为农民专业合作社的内部规章，其效力仅限于本社和相关当事人。章程是一种法律以外的行为规范，由农民专业合作社自己来执行，无需国家强制力保证实施，当出现违反章程的行为时，只要该行为不违反法律，就由农民专业合作社自行解决。

**四、办理农民合作社登记注册**

（一）办理登记手续的步骤

1.审查受理

(1) 审查。登记人员对申请人提供的设立登记申请材料从种类和内容上进行合法性审查，根据审查情况作出是否受理的决定。

一是审查申请人提交的材料是否齐全。《农民专业合作社记管理条例》规定提交的八种设立申请材料不得缺少。

二是审查材料内容是否符合法定要求。对申请人提交的八种申请材料进行内容审查，看各种表格填写是否规范、完整，签名是否齐全一致，成员资格证明是否清楚明了，复印材料是否签字确认与原件一致，重点要审查农民专业合作社章程应当载明的11项内容的完整性、各文件材料之间相同事项的内容表述是否一致及申请材料内容是否与法律法规相抵触。缺项（除了法定的章程第11项内容外）、相同事项表述不一致或申请材料内容与法律法规相抵触的，应当要求修改、改正。

（2）受理。经过审查，对于符合法定条件的登记申请，审查人员应填写《农民专业合作社设立登记审核表》，签署具体受理意见，制作《受理通知书》送达申请人；当场登记发照的，可以不制作《受理通知书》，但应该在《农民专业合作社设立登记审核表》的“准予设立登记通知书文号”栏填写“当场登记发照”。对于不符合法定条件且不能当场更正的登记申请，审查人员应当制作说明理由及应补交补办具体事项要求的《不予受理通知书》，与申请材料一并退交申请人。

2.核准发照

（1）核准。核准人员对于申请人提交的材料和受理人员的意见复查后，作出是否准予登记的决定，签署具体核准意见。

①经复查，申请人提交的登记申请满足材料齐全、符合法定要求的，应予当场核准登记，发给营业执照。

②经复查，申请人提交的登记申请材料不符合要求的，能当场更正的，允许当场更正，更正后符合法定条件要求的，应当场登记发照。

③经复查，申请人提交的登记申请材料不符合法定条例要求，又不能在《行政许可法》规定的“自受理行政许可申请之日起20日内”，通过补正登记材料满足登记条件的，应当作出不子登记的决定，制作说明理由的《不予登记通知书》，与申请材料一并退交申请人。

（2）发照。经核准同意登记的，登记工作人员应根据核准意见制作营业执照，发给申请人。并在规定的时间内，将登记资料归档，建立经济户口。

（二）办理登记手续的注意事项

1.加入农民专业合作社的成员是具有民事行为能力的公民，以及从事与农民专业合作社业务直接有关的生产经营活动的企业、事业单位或者社会团体，能够利用农民专业合作社提供的服务，承认并遵守农民专业合作社章程，履行章程规定的入社手续的，可以成为农民专业合作社的成员，且成员数最低不少于5名，其中农民至少应当占成员总数的80%。但是，具有管理公共事务职能的单位不得加入农民专业合作社。

2.农民专业合作社经市场监督部门注册成立，自成立之日起20个工作日内，须到县农业农村局农村经济经营管理站备案，并在“中国农民专业合作社网”上填制《农民专业合作经济组织统计报表》，完善登记备案材料。

## 第二节　农民合作社成员管理

### 一、合作社成员的权利

（一）根据最新修订的《农民专业合作社法》第二十一条的规定，农民专业合作社的成员享有以下权利。

参加成员大会，这是成员的一项基本权利。成员大会专业合作社的权力机构。由全体成员组成。农民专业合作社每个成员都有权参加成员大会，决定合作社的重大问题。

并享有表决权、选举权和被选举权按照章程规定对本社实行民主管理。参加成员大会。这成员大会是农民是全体成员

成员大会是成员行使权利的机构。任何人不得限制或剥夺。

（二）利用本社提供的服务和生产经营设施。农民专业合作设施。本社以服务成员为宗旨，谋求全体成员的共同利益。作为农民专业合作社的成员，有权利用本社提供的服务和本社置备的生产经营设施。

（三）按照章程规定或者成员大会决议分享盈余。农民合作

社获得的盈余依赖于成员产品的集合和成员对合作社的利用，本质上属于全体成员。可以说，成员的参与热情和参与效果直接决定了合作社的效益情况。因此，法律保护成员参与盈余分配的权利，成员有权按照章程规定或成员大会决议分享盈余。

（四）查阅本社的章程、成员名册、成员大会或者成员代表大会记录、理事会会议决议、监事会会议决议、财务会计报告、会计账簿和财务审计报告。成员是农民专业合作社的所有者，对农民专业合作社事务享有知情权，有权查阅相关资料，特别是了解农民专业合作社经营状况和财务状况，以便监督农民专业合作社的运营。

（五）章程规定的其他权利。上述规定是《农民专业合作社法》规定成员享有的权利，除此之外，合作社章程在同《农民专业合作社法》不抵触的情况下，还可以结合本社的实际情况规定成员享有的其他权利。

**二、合作社成员的义务**

农民合作社在从事生产经营活动时，为了实现全体成员的共同利益，需要对外承担一定义务，这些义务需要全体成员共同承担，以保证农民专业合作社及时履行义务和顺利实现成员的利益。根据最新修订的《农民专业合作社法》第二十三条的规定，农民专业合作社的成员应当履行以下义务。

（一）执行成员大会、成员代表大会和理事会的决议。成员大会和成员代表大会的决议，体现了全体成员的共同意志，成员应当严格遵守并执行。

（二）按照章程规定向本社出资。明确成员的出资通常具有两个方面的意义：一是以成员出资作为组织从事经营活动的主要资金来源；二是明确组织对外承担债务责任的信用担保基础。由于我国各地经济发展的不平衡性，以及农民专业合作社的业务特点和现阶段出资成员与非出资成员并存的实际情况，一律要求农民加入专业合作社时必须出资或者必须拿出法定数额的资金，不符合目前发展的现实。因此，成员加人合作社时是否出资以及出资方式、出资额、出资期限，都需要由农民专业合作社通过章程自已决定。

（三）按照章程规定与本社进行交易。农民合社是要解决在独立的生产经营中个人无力解决、解决不好或个人解决不合算的问题，是要利用和使用合作社所提供的服务。成员按照章程规定与本社进行交易既是成立合作社的目的，也是成员的一项义务。成员与合作社的交易，可能是交售农产品，也可能是购买生产资料，还可能是有偿利用合作社提供的技术、信息、运输等服务。成员与合作社的交易情况，按照最新修订的《农民专业合作社法》第四十三条的规定，应当记载在该成员的账户中。

（四）按照章程规定承担亏损。由于市场风险和自然风险的存在，农民专业合作社的生产经营可能会出现波动，有的年度有盈余，有的年度可能会出现亏损。合作社有盈余时分享盈余是成员的法定权利，合作社亏损时承担亏损也是成员的法定义务。

（五）章程规定的其他义务。成员除应当履行上述法定义易外，还应当履行章程结合本社实际情况规定的其他义务。

**三、合作社成员身份管理**

合作社要坚持“入社自愿、退社自由”的原则、规范成员管理做好合作社成员的入社和退出工作。

（一）成员入社

合作社成员的人社管理，涉及的工作有：明确合作社成员社条件、入社的流程。

1.合作社成员的入社条件

根据最新修订的《农民专业合作社法》第十九条的规凡是具有民事行为能力的公民，以及从事与农民专业合作社业务直接有关的生产经营活动的企业、事业单位或者社会组织，能够利用农民专业合作社提供的服务，承认并遵守农民专业合作社章照，履行章程规定的人社手续的，都可以成为农民专业合作社的成员。但是《农民专业合作社法》对自然人和法人及其他组织成员加入合作社的条件进行了不同的规定。

农民专业合作社的自然人成员要符合两个条件：一是须为中国公民，这是对自然人成员国籍身份的要求；二是须具有民事行为能力，即符合法定条件，并能以自己的名义在合作社中享有权利承担义务。农民专业合作社可以根据实际情况，在符合法律规定的前提下，对成员的资格做出更为具体、明确的规定。

在坚持成员以农民为主体的原则下，允许从事与农民专业合作社业务直接有关的公司、科研院所、推广机构、科技协会等企业、事业单位和社会团体成为农民专业合作社的成员。对于企业、事业单位和社会团体而言，则必须是从事与农民专业合作社业务直接有关的生产经营活动。

2.入社流程

加入农民合作社一般经过如图流程。提出人社申请—理事会研究同意—办理人社手续发放社员—社员持证入股。

（二）成员退社

1.退社的形式

农民合作社社员退社的形式多样，归纳起来有如下几种：

（1）社员主动要求退社。社员主动退社的方式是指社员经过慎重考虑权衡后主动提出要求请求退社，并且按照合作社法规中相关的程序规定主动办理退社手续，以此退出合作社的方式。社员主动退社大多是从自身利益出发理性选择的结果。

（2）盲目跟风退社。这种退社的方式表现为社员本身没有退社的打算，但是看到其他人退社或者是受到已经退社社员的劝说而产生进杜的念头，从而主动提出退社要求，并依据合作社相关法规的规定办理退社手续，最终脱离合作社。这种退社方式带有很强的盲从性，多是受到他人的影响后做出的选择

（3）隐形退社。隐形退社是指农民本身虽是合作社社员但是并没有享受合作社社员权利，也不履行社员义务，他们所加入的合作社是空壳的。这种合作社从形式上看，组织机构是健全的，但其实际控制者往往是某个“能人”“大户”或“老板”真正的农民合作十分鲜见。

（4）被迫退社。被迫退社多是由社员所在的专业合作社经营管理不善面临解散而引起的，或者是因为社员与合作社之间产生了不可调和的矛盾而不得不退出合作社。被迫退社与主动退社有所不同，被迫退社的社员并非不愿意留在合作社，是迫不得已；而主动退社的社员退社是基于自身意志经理智权衡后主动退出。

2.退社的流程

加入合作社是农民的权利，退出合作社也同样是农民的权利，所以退社的时候不需要任何批准，只要按照法律的规定来办相关的手续就可以。最新修订的《农民专业合作社法》第二十五条对于合作社成员退社的时间、程序等问题做了如下规定。

（1）退社时间

农民专业合作社成员要求退社的，应当在会计年度终了的3个月前向理事长或者理事会提出书面申请；其中、企业、事业单位或者社会组织成员退社，应当在会计年度终了的6个月前提出；章程另有规定的，从其规定。

（2）成员资格终止时间。

提出退社的成员资格自会计年度终了时自动终止。

（3）社成员退社只要在规定的时间内提出声明即可，无须批准。

在退社的时候，合作社成员账户里面所记载的成员的财产都可以按照章程的规定退还给退社的成员。

为保证资格终止成员的合法权益，《农民专业合作社法》第二十一条规定，成员资格终止的，农民专业合作社应当按照章程规定的方式和期限，退还记载在该成员账户内的出资额和公积金份额；对成员资格终止前的可分配盈余，依照《农民专业合作社法》第四十四条的规定向其返还。同时，也为了保护仍然留在合作社中的成员的权益，资格终止的成员还应当按照章程规定分摊资格终止前本社的亏损及债务。

农民专业合作社的成员按照章程规定与本社签订合同，进行交易，是成员的一项重要义务。根据《农民专业合作社法》第二十七条和第二十八条的规定，成员在其资格终止前与农民专业合作社已订立的合同，合作社和退社成员双方均应当继续履行。但是，农民专业合作社章程另有规定的，或者退社成员与本社另有约定的除外。

（三）成员的除名

农民合作社成员有下列情形之一的，经合作社成员大会或者理事会讨论通过应予以除名：不履行成员义务，经教育无效的；给本社名誉或者利益带来严重损害的；成员共同议决的其他情形。

合作社对被除名成员，退还记载在该成员账户内的出资额和公积金份额，结清其应承担的债务，返还其相应的盈余所得。因给本社名誉或者利益带来严重损害被除名的，须对本社做出相应赔偿。

## 第三节　农民合作社的风险管理

### 一、农民合作社的主要风险

农民专业合作社受其经营产业、生存环境和成员素质等因素影响，面临诸多风险的袭扰，其中主要风险如下。

（一）制度风险

一些农民专业合作社内部组织不健全，很多组织制度都是在立登记时直接照抄照搬的，没有实际的使用意义。内控制度不善，章程不明确，产权不明晰，理事会、监事会职责不清，会员权利、义务不明，大多数专业合作社由理事长一人说了算，成员大会、理事会、监事会很难起到民主管理、民主监督的作用。甚至基本上不开会，大部分问题直接是少数几个人电话沟通解决，没有会议记录，在公平和民主上达不到真正的透明。

（二）管理风险

《农民专业合作社法》对设立农民专业合作社应具备的条件

及申请设立登记有明确规定，但在实际操作过程中，存在很大的随意性，可操作性较差。由于农民专业合作社的成员大部分文化素质较低，社员之间文化程度不平衡，对法律及合作社运营过程中的事项不明确，对各项财务法规等规章制度不了解，管理水平总体相对落后。市场监督部门只管注册登记，不对申报材料的真实性进行考究，部分专业合作社已解散多年，而市场监督部门仍未注销部分合作社在运营过程中实际上是名存实亡。

（三）道德风险

有些专业合作社成立的动机不纯，在设立时提供的材料严重失实，注册资金弄虚作假，大部分以实物出资，出资资产不实，有的没有固定的办公场所，甚至会员数量构成与实际不符。部分农民专业合作社成立的动机不纯，只想以获取国家优惠政策补贴为基准，套取项目资金和银行贷款为目的。有的专业合作社通过挤占会员贷款和变相套取银行贷款用于发展其他实体经济或投资自己的产业，实质上变成了“钓鱼”项目。

（四）法律风险

专业合作社法律风险大量存在。如有的专业合作社私自解散，因债权、债务不清而产生纠纷；有的专业合作社注册资本出资额虚假；有的挪用贷款或成员资金等等，这些法律问题的存在严重损害了各成员的利益，在出现问题的同时，由于没有相关的证据为依据，在法律解决的过程中存在着很大的弊端。

（五）财务风险

农民专业合作社的成员大部分都是农民，由于法律知识的质乏，规模大小的限制，在筹资及经营过程中存在着较大的财务风险，这些风险在所有风险中显得尤为重要。主要表现为筹资风险、运营风险、税务风险、资金流动性风险、盈余分配风险等。在筹资过程中，大部分出资为实物出资为主，现金出资为辅，出资存在一定风险。实物出资存在公允价值计量的问题。以生物资产为主要实物资产。生物资产的公允价值计量一直是财务会计界的一个难点。由于信息不对称，实物出资者对出资的生物资产信息相对最充分，合作社其他成员获取的生物资产信息相对不充分。

在经营过程中，生产资产存在较大风险。按财务会计角度在合作社中生物资产主要以植物性生物资产和动物性生物资产为主。生物资产具有生命特征，管理、环境气候、病虫害等条件会对生物资产的生命形态产生较大影响。例如，干旱和病虫害会对植物性生物资产的生命形态产生较大的影响，人为管理也会对生物资产的生命形态产生较大影响，如对动物性生物资产的喂食和植物性生物资产的施肥、灌溉等。因此，生物资产具有生命形态特性决定了生产经营中生物资产具有较大的风险。

在税收管理中的风险。按照现行税收政策，符合一定条件，专业合作社可以享受流转税和企业所得税减免税优惠政策。这些具体条件包括账务健全和为合作社成员购置和提供的农资与服务；另外，从事种植、养殖等初级农业产品业务的。也可以享受流转税和企业所得税减免税优惠政策。这些减免税优惠政策的条件，要求明确，标准具体，不符合条件的，要按规定缴纳税款。目前，专业合作社由于股东人员素质、治理结构和管理团队等多种因素，财务制度和内部控制制度不健全，财务机构不健全，财务人员配备不合理，不少专业合作社对征免税项目不能分开核算，不能取得发票和其他合法票据，存在较大的税收风险。

资金流动性风险。由于专业合作社社员大部分采用实物投资，生物资产销售又受到其生命周期影响，只有处在一定生命周期状态的生物资产才可以销售，这在果木种植专业合作社表现得尤其明显。而专业合作社在正常生产运营过程中，人员工资、设备和低值易耗品购置以及日常费用报销需要一定的流动资金。据了解，不少专业合作社一旦发生这些情况，需要专业合作社成员重新增资入社。专业合作社资金流动性不足，对专业合作社的运营、品牌价值产生了不利影响，存在一定风险。

在盈余分配过程中，专业合作社存在一定的舞弊风险。一般专业合作社成员并不实际或者全程参与管理，理事会的治理结构难以落实到位，按出资分配和按交易量分配盈余并存，容易引起舞弊风险，从而带来法律风险。另外，专业合作社农产品定价的舞弊风险对盈余分配也会产生一定影响。

## 二、农民合作社的风险防范

在合作社实际运营的过程中，必须采取有效的措施规避各种潜在的风险，使得农民专业合作社健康稳固的发展。企业对财务风险的应对措施主要有接受风险、规避风险、降低风险和转移风险 4 种。专业合作社控制风险的总原则是：结合自身的特点，认真分析风险产生的原因，充分考虑风险应对的成本和收益，权衡利弊，采取合适有效的风险应对措施。

### （一）加强领导，加大政策支持力度

各级政府及有关部门，应制定发展规划，建立培训长效机制，加强对管理人员、专业合作社成员和专业技术人员的培训。有关部门要加强对合作社的日常监督和指导，制定操作规程和考核办法。政府部门要加大财政扶持力度，进一步提高财政资金的使用效益。

### （二）规范管理，加强农民专业合作社自身建设

农民专业合作社内部规范管理与否是其能否健康、持续发展的关键，建立和规范内部管理制度是壮大农民专业合作社的销售和基础。有关部门应帮助合作社健全运行制度，逐步实现民主理，建立严格的监督约束机制、合理的利益分配机制、风险格和积累机制，增强风险防范和补偿能力，以保证合作社发展的动定性和连续性

### （三）委托专业人士进行财务管理和相关专业管理

委托专业人士进行财务管理和专业管理实质是一种业务务包。专业合作社业务外包可以发挥社员的农业技术优势，避免务管理和相关专业管理上的劣势。委托外包可以有效规避税收风险和财政补助风险，降低生物资产在筹资出资、生产运营的限风险，控制各个过程的舞弊风险

（四）建立严格的舞弊赔偿处罚制度

在专业合作社设立章程中，设立较为严格和具有较强操作性的舞弊赔偿制度。例如，建立举报有奖制度，提高舞弊风险的（及时）发现概率，同时，对舞弊者处以较高的赔偿处罚制度除了全部承担损失或收益归专业合作社所有外，还可以设立处。若干倍的处罚，处罚收入归专业合作社其他成员所有。舞弊的高发现概率和高额赔偿处罚，可以有效控制舞弊风险。

（五）购买农业保险和补充商业保险

自然灾害和病虫害对生物资产造成的减产等损失，可以通过购买农业保险来控制，还可以购买部分商业保险来弥补农业保理保额的不足。这样，对于专业合作社来说，可以有效降低生物资产的不可控风险。这实质是风险转嫁策略，把部分生物资产风度转移给政府和商业保险机构。

1.农业保险种类。农业保险按农业种类不同分为神植业保险、养殖业保险；按危险性质分为自然灾害损失保险，病生事损失保险、疾病死亡保险、意外事故损失保险；按保险责任范不同，可分为基本责任险、综合责任险和一切险；按财付办法理分为种植业损失险和收获险

2.农业保险险种。中国开办的农业保险主要险种有：农产品保险、生猪保险，畜牧保险、奶牛保险、耕牛保险、山羊保险、养鱼保险，养鹿、养鸭、养鸡等保险、对虾、蚌珍珠等保险，家禽综合保险、水稻、油菜、蔬菜保险、稻麦场、森林火灾保险，烤烟种植、西瓜雹灾、香梨收获、小麦冻害、棉花种植、棉田地膜覆盖雹灾等保险、苹果、鸭梨收获保险等等。

3.政策性农业保险和商业性农业保险的区别。政策性农业保险是指国家为了实现保护和发展农业的目的，对其实行一定政策和资金扶持的农业保险险种。它与商业性保险有着本质的区别。从保险目的上来看，政策性农业保险以实施其制政府政策为首要目标，有着明确的公共利益取向；而商业性保险是以营利为目的，属于保险公司的个体行为。从保险形式上看，政策性农业保

险既可采取强制性形式，也可采用自愿参保的方式：而商业性保险则表现为自愿和非强制性的特点。从保险费的赔偿设计上来看，政策性农业保险通常带有相对固定金额的特点；而商业性保险的保费设计具有对称的、非固定金额的特征。

（六）盈余提取风险准备金

专业合作社从盈余中提出一定比例的金额，建立风险准备金，从而提高专业合作社综合应对的抗风险能力。这实质是通过建立自身储备来“以丰补歉”，用“时间交错配合”来抵抗风险，防止专业合作社面临破产清算风险。从总体上说，这属于风险接受的控制策略。

（七）创新机制，提高金融服务效率

相关金融机构要将农民专业合作社纳人信用等级评定范围：建立信贷倾斜机制，实施差别化的支持措施，重点支持产业基础牢、带动农户多、规范管理好、信用记录良好的农民专业合作社；建立灵活授信机制，对列人重点支持对象的，在向其成员开展贷款授信的同时，加大对组织结构规范的法人农民专业合作社直接授信的力度；优化审批手续，对符合贷款条件的合作社实行周转使用的方式，提高资金使用效率；采取灵活担保方式，解决专业合作社及成员贷款担保难问题。此外，在风险可控的前提下，应鼓励涉农金融机构创新金融产品，做到扶持一个专业合作社，带动一个特色产业，搞活一地农村经济，致富一方农民。

**三、合作社的风险管理策略**

农民合作社的风险管理是指合作社运用适当的手段对各种风险源进行有效的控制，力图以最小的代价获得最大的安全保障的系列经济管理活动。风险管理的基本程序分为以下 5 个步骤。

（一）确定风险管理目标

对于不同的农民专业合作社风险管理主体，风险管理目标可有不同的侧重。所以，进行农民专业合作社风险管理，首要的任务是通过农民专业合作社风险管理系统的研究作业，确定系统目标。即通过对资料的收集、分类、比较和解释等活动，确定民专业合作社风险管理目标。

（二）农业风险识别

农业风险识别是对农业自身所面临的风险加以判断、归类和定其性质的过程。因为各种不同性质的风险时刻威胁着农业的生存与安全，必须采取有效方法和途径识别农业所面临的以及潜的各种风险。这一方面可以通过感性知识和经验进行判断，另一方面则必须依靠对各种会计、统计、经营等方面的资料及风险失记录损失进行分析、归纳和整理，从而发现农业面临的各种风险及其损害情况，并对可能发生的风险性质进行鉴定，进而了解可发生何种损益或波动。

风险识别方法主要有以下几种。

1.专家调查法。专家调查法是以专家为索取信息的重要对象，找出各种潜在的风险并对其后果做出分析与估计。这种万法最大的优点是在缺乏足够统计数据和原始资料的情况下，可以微出定量的分析，缺点是容易受心理因素的影响

2.故障树分析法。故障树分析法是利用图表的形式，将大的故障分解成各种小的故障，或对各种引起故障的原因进行分析。该方法经常用于直接经验较少的风险识别，该方法的主要优点是比较全面地分析了所有的风险因素，并且比较形象化，直观性较强。

3.幕景分析法。幕景分析法是一种能够分析引起风险的关键因素及其影响程度的方法。一个幕景就是对一个事件未来某种状态的描述，它可以采用图标或曲线等形式来描述当影响项目的某种因素发生变化时，整个项目情况的变化及其后果，供人们进行比较研究。该方法主要适用于以下几种情况：一是提醒决策者注意措施或政策可能引起的风险及后果；二是建议需要监视的风险范围；三是研究某种关键性因素对未来过程的影响；四是存在相互矛盾的结果时，应用幕景分析法可以在几个幕景中进行选择。

（三）农业风险衡量

在农业风险识别的基础上，通过对所收集资料的分析，对农

业损益频率和损益幅度进行估测和衡量，对农业收益的波动进行计量，为采取有效的农业风险处理措施提供科学依据。

（四）农业风险处理

农业风险处理是指风险管理主体根据农业风险识别和衡量情况，为实现农民专业合作社风险管理目标，选择与实施农民专业合作社风险管理技术。农民专业合作社风险管理技术包括下列几种。

1. 风险避免

风险避免也称为风险回避，是指为将某种事故发生的可能性降低到零，放弃某一活动或拒绝承担某种风险以回避风险损失的种控制方法。如合作社因缺乏某项种植技术的专业人员，在选择种植项目时避开该项目。

2.风险控制

风险控制是指合作社对既不能避免也不能转移的风险，设法降低其损失发生的概率，缩小其损失幅度的方法。按照目的的不同，风险控制措施可以划分为损失预防和损失抑制两类。损失预防是指在风险事故发生前采取措施，以消除或减少可能引起损失的各项因素，即以降低损失发生的概率为目的。损失抑制是指风险事故发生时或发生后采取的各种防止损失扩大的措施，即以缩小损失程度为目的。

3.风险转移

风险转移是指通过合同或非合同的方式将风险转嫁给另一个人或单位的一种风险处理方式。风险转移的主要形式是合同转移和保险转移。

4.风险保留

风险保留也称为风险承担，即指合作社以其内部的资源来弥补损失。

（五）农民合作社风险管理评估

农民合作社风险管理主体在选择了最佳风险管理技术以后要对风险管理技术的适用性及收益情况进行分析、检查、修正和评估。因为农业风险的性质和情况是经常变化的，风险管理者的认识水平具有阶段性，只有对农业风险的识别、评估和技术的选择等进行定期检查与修正，才能保证农民专业合作社风险管理技术的最优使用，从而达到预期的农民专业合作社风险管理目标和效果。

总体而言，针对我国不同时期的农业风险状况，我国的政府介入虽然在一定时期、一定程度上防范和化解了农业的巨大风险，保障了农民的经济利益，推动了农业和社会的发展。但不可否认的是，政府、农民和其他经济主体正在承担着更大、更为复杂的风险，而原有的风险管理措施被证明并不能有效地规避这些风险。在当前的全球化、市场背景下，政府介人风险管理的方式继续进行重新整合及创新，才能有效防范和化解这些有的蕴含巨大损失、有的损失与获利机会同时并存的风险。而农民合作社在定程度上也可以起到一些风险管理作用。

# 第二篇　绿色种植篇

## 第三章　绿色种植概述

### 第一节　绿色种植的概念

我国是世界当中的农业发展大国，在逐渐发展的农业浪潮中，人们一直都十分重视农业种植方面的相关技术，而绿色农业种植是众多农业种植技术中至关重要的基础，绿色种植技术的有效与否将会直接影响农作物的生产质量，确保在实际种植之前加强对绿色种植技术的掌握情况，不仅能够为农业增产增效提供相应保障，还能够有效促进我国农业的综合长远发展。随着人们生活品质的不断提高，对相应农产品的质量追求达到了更高的标准，传统的种植技术培养出的农业产品难以符合人们的食用标准，应用绿色农业种植技术培养出来的农作物不仅能够达到人们的食用标准，还能够为人们的身体健康提供食用保障。

绿色农业种植技术主要指的是针对农业生产当中的绿色技术，在确保在农业生产当中使传统的种植技术逐渐遵循可持续发展原则，协调农业生产与环境保护的关系，促进农业发展的同时保证农产品绿色无公害的农业发展类型，最根本的目的是减少农业污染，让农作物生长符合自然规律，从而提高农产品的质量，减少药物残留，保证食用者的健康。减少在农业生产的过程中对大自然的破坏、侵蚀程度。绿色种植技术是在传统农业种植标准当中加入绿色评判标准，提高传统种植要求，在确保增加传统种植技术产量的同时，还要达到绿色种植标准，让生产出的绿色农业产品达到食用安全、资源回收、生态环保等多方面标准，有利于推动农业可持续发展。

## 第二节　发展绿色种植的重要意义

在我国农业生产中，推广绿色种植技术有着重要的意义，主要体现在以下四个方面。

### 一、提高农产品质量，提升食品的安全性

在食物深加工过程中，农产品作为重要的基础材料，农产品安全质量是否过关，在很大程度上决定着食品的安全性。随着人们的生活水平不断提高，人们对于逐渐提升了对农产品安全的认识。尤其近些年来，关于食品安全问题的报道层出不穷，致使人们对于食品安全问题极为关注，并且提高了对其重视程度。近年来，农民专业合作社、家庭农场等新型经营主体为追求农业产量和数量，不断增加化肥和衣药的使用量，以减少病虫害，保证农作物的产量。但此举造成了农产品化肥和农药残留超标，同时，也严重污染了土壤和水，破坏了生态环境。绿色农业种植技术的推广应用，尊重了农作物的自然生长规律，避免农药、化肥的大量施用，减少农作物中的药品残留，保证产物无公害、无污染。在实现绿色农业方面发挥着重要的作用。基于当前这种情况下，绿色农业的发展，不但保证了农产品质量安全，而且增强了加工食品的质量，从源头上解决了食品安全问题。

## 二、 保护土地资源，充分利用种植资源

土地是国民赖以生存的基础，在传统的农作物种植过程中，由于缺乏科学指导，农民给农作物施用化肥的针对性不强。通常为了提高产量，会加大化肥施用量。而过量施用化肥。一方面增加了粮食的生产成本，另一方面不仅会导致土壤酸化板结、肥力下降，而且容易造成水体富营养化。同时随着我国工业化进程不断加快，工业的发展加剧了我国环境污染问题。虽然我国已经对各行各业提出了关于环保的要求，并且大力倡导低碳、低污染的生产方式。但是，在解决环境污染问题需要漫长的路要走，而不是一蹴而就的。而日益严重的污染问题在一定程度上阻碍了农业的发展，对我国粮食生产具有重要的影响。基于此情况下，大力推广绿色农业种植技术，可有效推动农业“三减”，形成完整的生态体系，将农业与林、牧、副、渔业相结合，建立完整的生态圈，协调好农业发展与环境保护的关系，形成经济与生态上的良性循环，有利于对土地的环境保护，推广应用绿色农业种植技术，保护好农民赖以生存的土地资源。根据当前农业发展的实际情况，采取科学的种植方法，尽最大程度化提高土地资源的利用率，充分开发利用各种种植资源，进而实现我国农业的绿色发展。

## 三、优化调整农业结构，促进可持续发展

大力推广应用绿色种植技术，让农民学会科学使用农业生产资料，不断提高绿色种植技术水平，为食品安全、人民健康奠定基础。同时，也培养了更多的懂农业、爱农村的新型职业农民。推动更多的农业技能人才通过绿色食品生产来创业创新。加速绿色农业种植的推广实施脚步，可促进本地农业产业向着更加科学化、规范化、生态化、标准化的可持续方向发展。

## 三、 拓展农民增收渠道，促进区域经济发展

国家经济发展迅速，人民生活质量越来越高，对食品的品质要求更加严格。当今社会，人们在饮食方面不仅要求要安全卫生无公害，也要求营养均衡。绿色种植产物在种植时依据可持续发

展的原则，根据不同农作物的自然生长规律种植，不仅保证了产物的安全，也减少了营养价值的流失，因此，绿色农业种植的产物已经成为广大人民群众在食品方面的首选。在商场超市中，有绿色食品标志的果蔬农产品价格高、销量大、品牌响，因此，加大培训和推广力度，让农民都能够掌握绿色农业种植技术，将会积极推进传统农业生产向绿色食品生产转变，为农业增效、农民增收开辟新渠道。

基于当前我国食品市场来讲，绿色食品存在良好的发展空间，蕴藏着较大的发展潜力，这为区域经济的发展创造了良好的条件。因此，加强对绿色农业种植技术的推广，对于促进区域经济的发展具有重要的意义。

## 第三节　绿色种植关键技术

### 一、耕地的保护和利用技术

加强耕地质量管理，努力提高复种指数，逐步提高耕地的集约利用水平。

#### （一）加强耕地质量管理

组织开展耕地地力的全面调查和评价，摸清不同区域耕地地力水平状况和标准、耕地质量及污染状况，建立耕地质量监测网络，实现耕地质量的动态管理。加强耕地质量管理技术研究，了解不同气候和栽培条件下，耕地土壤质量变化规律，为农民提供科学面具体的耕作、轮作、施肥、灌排等耕地质量管理技术规范。同时加强现代高新技术，特别是数字土壤技术使用，尽快完成覆盖全国的高精度数字土壤，通过数字技术如实高效地解了我国耕地土壤质量状况，进行耕地质量管理。

#### （二）加强耕地质量建设

注重耕地综合培肥改良，大力推广绿肥种植、桔秆覆盖、过覆还田等耕地培肥和保护性耕作技术，培育健康、肥沃的优质土壤、大力实施沃土工程、耕地修复工程及中低产田改造工程，完善农田水利、机耕道建设等基础设施。建立耕地质量动态监测和预警体系、构建耕地质量建设与管理的长效机制。

（三）推进耕作制度改革

提高复种指数、充分挖掘土、水、光、热、气候等资源的利用潜力、鼓励发展低耗能设施农业，提高耕地的综合产出效率。开发不同类型区城环境资源，集约高效利用的多熟种植制度，巧用季节，开发高产、超高产多熟种植模式及技术，提高农田周年单产水平。如西北灌区的间套种模式与技术，黄淮、江汉平原的间种、套种、复种模式与技术，南方地区的双季稻、再生稻的超高产模式与技术。

（四）推广保护性料作技术

保护性耕作技术是通过少耕、免耕、化学除草等技术措施的应用，尽可能保持作物残茬覆盖地表，减少土壤水蚀、风蚀，提高产量，降低作业成本，实施农业可持续发展的农业耕作技术。机械化保护性耕作技术对培育地力，蓄水保墒，防止水土资源流失，降低生产成本，具有明显效果。在干旱、半干旱地区，推广少耕机械化技术和设备，可以减少对土地的翻耕，增加其蓄水保墒能力，降低作业成本和能量消耗。

**二、节水农业技术**

坚持灌区与旱地兼顾、常规技术与高新技术并重、工程与非工程技术相配套、蓄水保水技术与节水管理技术相结合，全面提高农业水资源的利用效率。

（一）结合不同旱作区的现实条件和技术应用基础，开发应用农业水资源优化配置与调控技术，尤其要重视应用种植业布局优化的结构性节水技术，建立地表水，土壤水、地下水多水源联合调控和综合高效利用技术，微咸水、咸水及深层水的有效利用技术，污水、废水处理技术及回收水处理、转化和重复利用技术。

（二）筛选和推广耐旱性强、产量高、质量好优良农作物品种，推广水稻旱育秧稀植、微灌溉、免耕直播和保护性耕作等粮食生产节水技术。水田田面平整，要求寸水不漏泥。干旱，半干旱地区要大力发展耐旱作物，退出高耗水作物。同时有针对性地推广深耕深松、集雨蓄水、节灌、“坐水种”等旱作节水农业技术。

（三）改变耕作制度，建立抗灾节本增效型作物种植结构。遵循自然规律，以自然优势为本，防止一个地区单一种植。要种植几种作物，因地制宜，适时轮作，合理布局，以利优势互补，增强抗灾能力，串开农时，充分利用自然资源。大力发展旱粮生产，充分利用冬春季闲置田，发展鲜食型旱粮作物，实现“水田旱种”“旱粮下山”。加强坡耕地管理，提升自然降水利用率和旱地综合生产能力。

（四）改良土壤，提高土壤有机质含量，构建“土壤水库”，促成点棱接触支架式多孔结构的土壤特性，为土壤水库的增蓄扩容创造良好条件，全部降水就地入渗保水，实现长效节水。

（五）实施耕作保墒，建立轮耕、少耕或免耕技术体系。通过合理耕作，最大限度地接纳、保蓄、利用好自然降水，增强土壤的保水、供水能力。

（六）推广田间节水灌溉技术，投入尽可能少的灌水量，而生产出尽可能多的农产品，以获得单位灌溉水量的最高生产效率。

1.沟灌技术。沟灌方法主要适用于宽行作物，如棉花、玉米、高粱、向日葵等，要根据地面坡度、土壤质地和透水性来确定沟灌技术要素，如一般坡度、透水性差的地区多采用细流沟灌，可增加沟间距和沟长度。

2.喷灌技术。喷灌具有灌溉均匀、省水、增产幅度大、适应性强的特点，节水效益高，喷灌方法主要有机压式喷灌和自压式喷灌两种。机压式喷灌通过水泵形成水压进行喷灌，自压式喷灌通过水源位置的压力差，利用自然水压进行灌溉。喷灌耗能多、投资大，不适宜在多风环境使用。

3.滴灌技术。滴灌通过安装在毛管上的滴头孔口或滴灌带等灌水器，将水慢慢地滴入作物根区附近土壤中。滴灌技术由于用管道输水，地表径流、渗漏、蒸发少，损失也少；供水压力低，可以节水节能；不需平整和开挖，易控制；省工省地，效益高、适应各种土壤和地形。

4.膜上灌溉技术。膜上灌溉是在地膜覆盖栽培的基础上，把膜侧灌溉水流改为膜上水流，利用地膜输水，通过放苗孔和膜侧旁渗给作物供水的灌溉技术。膜上灌溉的类型主要有开沟扶埂膜上灌、打埂膜上灌、沟内膜孔灌和膜孔缝灌等。

5.稻田节水灌溉技术。稻田灌溉多用浅水层、少用深水层、减少深水层利用时间。要防止超季灌水和无效用水，杜绝“长流水”和“大水漫灌”，减少泡田水。寒地稻作区的井水灌溉或地下水位高的低洼地，要采取有效增温措施，如设晒水池增温，建宽浅式灌水渠，延长水路增温，渠道腹膜增温，加宽垫高稻地进水口，滚水增温等，提高灌溉水温

6.低压管道灌溉技术。是以管道代替明渠输水的地面灌溉工程形式。包括地面软管系统和地下输水系统、利用低压泵机或地形落差提供自然力，将灌溉水加压后通过低压管网运入农田沟或者直接灌溉。

（七）开发农节水新材料及保水制剂技术，结合我国土壤和种植制度特点，研制和推广节水灌溉新材料、土壤保水剂、植物蒸腾抑制剂和土壤结构改良剂等。

（八）加强农田水利设施建设，完善农田沟渠排灌系统。推广渠道防渗防漏技术，采用混凝土护面、浆砌石衬砌、塑料薄膜等多种方法进行防渗漏处理，既加快输水速度，又有效节约水资源。渠系实行生物护坡，防止水土流失。

（九）认真抓好节水管理技术，采用综合措施，农田用水以现实用量为基数，用水节省 30%。

1.灌区用水管理自动控制系统。由渠道闸门太阳能自动控制设备及技术、低功耗大容量自记式水位计、渠系模拟仿真系统和

自记式水位计组成。能实现对渠道过水流量的控制、及时而准确地记录水位变化过程，对大中型灌区的输配水系统进行模拟仿真，为灌区管理人员制定和优选配水方案提供依据。

2.输配水自动测量及监控技术。采用高标准的测量设备，及时准确地掌握灌区水情，如水库、河流、渠道的水位、流量以及抽水水泵运行情况等技术参数，通过数据采集、传输和计算机处理，实现科学配水，减少弃水。

3.土壤墒情自动监测技术。采用张力计、中子仪等先进的土壤墒情监测仪器，监测土壤墒情，以科学制定灌溉计划、实施适时适量的精细灌溉

深人开展作物需水规律研究，结合自然降水规律，作物需水临界，适时适量灌溉，达到水的利用率最大化。

**三、节肥增效技术**

减少或限制施用化肥，合理选用肥料品种，科学施肥，提高肥料的施用效率，达到节肥增效的目的，

第一，大力推广测土配方旅肥技术。测土配方施肥是提高化肥利用率的核心和关键，测土配方施肥有 3 种基本方法：一是土壤养分丰缺指标法；二是作物营养诊断法；三是肥料效应函数法。配方施肥技术要综合考虑土壤、气象条件、耕作栽培制度施肥结构、施肥方法、轮作中肥料运筹等参数，并运用计算机专家系统，使施肥技术更加系统化、规范化、快速化，以提高化肥利用率和减少过量施肥对环境带来的污染。

第二，研究不同土壤及作物供肥及需肥规律，以有机肥料为长效肥料、化肥为速效肥料和微生物肥料为增效肥料，确定 3 类肥料合理搭配，科学指导因地、因作物、因目标产量施肥，提高化肥的使用效率。

第三，合理选用肥料品种，积极提倡使用复合肥料和混合肥料。优化施肥结构，促进化肥施用由通用型复混肥向专用型配方肥方向转变。

第四，把握施肥时期，改进施肥方法，提高肥料利用率。主

要氮肥品种，如碳酸氢铵在田间撒施则利用率很低，要改为适当深施覆土；液氨宜采用专用机具深施；水溶性磷肥宜集中施用；复合肥料和混合肥料主要作为基肥施用。

第五，推广小型施肥机械，特别是有机肥施肥机械，解决绿肥翻压、粪肥积制、施用的机械化问题，有助于提高肥料利用率。

第六，大力增积增施有机肥，开发利用优质有机肥料，改善土壤理化性质，提高耕地的质量水平。要坚持有机肥与无机肥相结合、利用化肥的优点，弥补有机肥养分释放慢，肥效偏低的不足。要在有机肥施用机械上下功夫，在机械设计上解决腐熟堆肥装卸、运输撒施的问题。大力推广沼气发酵技术。要多种有机肥配合使用，秸秆直接还田不如加人粪尿、厩肥堆沤再施人田间这样既可促进秸秆分解，发挥肥效，又可改变单纯粪尿、厩肥的物理状况，有利于作业。

第七，适时叶面追肥。在作物生育期间，根据其生育进程和需肥规律，适时进行叶面追肥，作物吸收利用快，既提高肥料利用率，又可与病虫害防治相结合，起到节本增效的作用。

第八，推广使用微生物肥料。微生物肥料是一种以微生物生命活动而使作物获得特定肥料效应的生物制品，它可以增加土壤肥料活性，增加作物营养吸收能力，增强抗逆能力，促进植物生长。微生物肥料的使用方法因种类、用途而定，可作为底肥施人土壤，可接种于种子表面、种床下，可蘸秧根，这样就在种子周围、根际形成一个有益的微生物区系，使作物受益。

## 四、合理用药技术

从科学合理用药和提高农药利用率两方面人手，综合利用农业有害生物综合治理技术，减少农药的用药量，提高农药的有效利用率。

### （一）生物防治

1.培育和应用抗性品种。利用寄主生物的抗性原理，通过育种技术和方法，培育出能抵御病虫侵袭的农业优势品种或品系，

减少农药的用药量

2.改变耕作方式，利用轮作、间作、套作等种植方式控制病虫害。轮作是通过不同作物茬口特性的不同，减轻土壤传播的病、虫、害等。间作及套作等是通过增加生物种群数目，控制病虫草害，如玉米与大豆间作造成的小环境，因透光通风好，可减轻大小叶斑病、黏虫、玉米螟的危害，又能减轻大豆蚜虫发生。

3.改作时间，通过收获和播种时间的调整来防止或减少病虫害。各种病、虫、草都有其特定的生活周期，通过调整作物及收获时间，打乱害虫食性时间或错开季节，可有效地减少危害。

4.利用天敌，通过害虫的天敌来有效地抑制害虫的大量繁殖。用于生物防治的生物（天敌）可分为3类：一是捕食性生物，这类天敌主要通过捕食害虫达到防治的目的，主要包括草蛉、瓢虫、蜘蛛、青蛙、蟾蜍及许多益鸟等；二是寄生性生物，这类天敌主要通过寄生害虫达到防治的目的，主要包括寄生蜂。寄生蝇等；三是病原微生物，这类天敌主要通过引起害虫致病达到防治的目的，主要包括苏云金杆菌、杀螟杆青虫菌、乳状芽孢杆菌、绿僵菌、白僵菌以及某些病毒等。

（二）化学防治

1.科学选药。选用高效低毒、低残留、强选择性农药，根据农产品的生产目的、级别，参照防治对象的种类、农药的价格，做到科学地选择农药。

2.适时施药。根据防治对象的发育时期和农药品种的特性，科学确定适时施药的时间，尽可能减少防治次数，在保证药效的前提下，降低成本。

3.均匀施药。施药时要求做到均匀施药，使作物上的病部和虫体都能喷到农药，保证防治效果，喷雾应尽可能使叶片正反两面都附着农药。粉剂施用要尽可能利用早晚田间有露水时进行，以增加药粉附着量，提高防效，风速大时不要喷药，以防飘移浪费。

4.科学储药。要放在阴凉、干燥通风处，防止高温或强光下暴晒，配好的药液，要当天用完，水剂在冬天要注意防冻；要在保质期内用完。

## 五、科学选用品种和节种技术

依靠科学技术，提高种子的质量和效益，提高种子用价，发展精量播种的机械和技术，达到节种增效的目的。

选用优良品种。选用高产、优质、抗病虫等综合性状优良的品种，可根据生态特点、生产限制因素和市场需求，在综合性状较好的前提下，选用某一性状特别突出的品种。如抗旱品种、耐涝品种、抗病虫害品种、耐瘠薄品种、抗倒伏品种、密植高产品种、稀植高产品种、早熟高产品种。要在有可替代品种时，及时更新，充分利用杂种优势。

种子精选。选择粒大、饱满、无病虫的籽粒，提高种子用价，即提高种子的发芽率和清洁率，确保种子纯度的前提下，种子发芽率要达到95%以上，减少种子的投入量，以达到降低生产成本、提高产量的目的。绿色农业的种子用价要比常规生产用种标准提高3%以上。

播前晒种，提高种子的发芽率，但要防止日光暴晒，合理确定播种密度。根据土壤肥力、品种特性等合理确定种植密度。肥地宜稀，薄地宜密；分枝多的晚熟品种宜稀，株型紧凑分枝较少的早熟品种宜密。在不影响产量的情况下，减少种子用量。

种子处理，应用种子包衣、药剂拌种、沼液浸种等加工处理技术，提高种子质量和良种生产能力，防治地下害虫和苗期病虫，促进作物生长，节约成本。

精量播种，全面推广应用主要农作物精量、半精量播种技术，发展精量耕种机械。如精确变量播种机，在播种作业中能根据田块条件随时精确调整播种量和播深，努力推广大豆、玉米精量点播技术，达到苗齐、苗壮，节种降耗。这样也可以减少间苗，大大降低常规播种后间苗对作物苗株生长的危害，同时减少作物用种量。

## 六、农业装备节能技术

大力开发和推广节能农业机械，促进农业机械自身节本，研究和推广节能技术，达到节能增效的目的

第一，推广节能增效农机设备和技术，加快化肥深施机械化技术、机械化秸秆还田技术、节水灌溉机械化技术和水锤泵的推广力度

化肥深施机械化技术。化肥深施技术是将化肥均匀施入地表以下作物根系密集部位，既能保证农作物充分吸收，同时也能显著减少肥料有效成分的分解和流失，达到充分利用肥料和节肥增产的目的。化肥深施技术在农业生产上大面积应用，要靠专门的作业机械来实现，目前我国常用的化肥深施机具有底肥深施、种肥深施和追肥深施等机具。

机械化秸秆还田技术。机械化秸秆还田技术可以增加土壤有机质含量，提高土壤质量，增加作物产量，提高工作效率。推广应用机械化秸秆直接粉碎还田技术，机械化根茬还田技术和机械化整秆还田技术，机械化免耕覆盖秸秆还田技术以及相应配套机具。

节水灌溉机械化技术。节水灌溉技术主要指通过合理配套与运用灌溉机械设备将灌溉水以较快速度运至作物根层土壤，达到作物合理需水量、输送速度和土壤渗吸速度，减少水量损失的各种机械化灌溉和渠道机械化施工防渗技术，主要有沟灌、喷灌、滴灌、低压管道灌溉、膜上灌技术等。

水锤泵技术。水锤泵是一种不用电、不耗油的新型节能提水工具，是一种利用水锤效应直接将低水头能转为高水头能的高效提水装置，它利用低落差水资源输送高扬程的水。在交通不便能源缺乏的高山地区安装水锤泵，不用电、不用油，既可解决高山农田灌溉和山区人民的饮水问题，又节能，而且没有环境污染。

第二，加快省工节本农机技术的应用，减少作业环节和作业次数，降低单位农产品生产能源的消耗水平，提高农机应用水平和农业生产效率。

第三，加快高耗能老式落后农业机械的更新换代，开发和推广节能型农业机械；加强农用动力机械技术监督，积极开展农用动力机械设备能耗检测行动，保证农业机械技术完好；积极开发和推广磁化节油器、燃油添加剂、清洗剂等农机节能新产品和复式联合作业机具等节能农业机械。

# 第四章　绿色种植技术

## 第一节　小麦绿色种植技术

### 一、品种选用

小麦品种的生态区域性比较强。要根据市场需求，结合当地的气候、土壤、耕作制度和栽培条件，因地制宜地选用通过国家或地方审定的优质、丰产、抗逆性强的高产专用品种。优质要符合相关的国家（或行业）标准；抗逆性强要能抗当地主要病虫害；如干旱地区宜选用抗旱品种，低湿地区宜选用耐湿性强的品种，收获季节多雨地区宜选用中熟或中早熟品种。种子质量符合国家标准，纯度达到99%、净度达98%、发芽率不低于90%。在同一区域应搭配种植2~3个品种，品种每3年左右更新一次。

目前农业农村部推介的小麦主导品种有：济麦22、百农207、鲁原502、中麦578、新麦26、川麦104、西农511、淮麦33、郑麦379、济麦44、宁麦13、烟农999、山农29号、龙麦35、山农28号、郑麦1860、新冬20号、扬麦25、百农4199、周麦36号、烟农1212、镇麦12号、衡观35、扬麦33、山农20。

（一）济麦22

由山东省农业科学院作物研究所选育。

特征特性：半冬性，幼苗半匍匐，中晚熟，株高 75 厘米左右，株型紧凑，叶片较小上冲，抗寒性好，抽穗后茎叶蜡质明显，长相清秀，茎秆弹性好，抗倒伏，抗干热风，熟相好；分蘖力强，成穗率高；穗长方形，长芒、白壳、白粒，籽粒硬质饱满；亩有效穗 40~45 万穗，穗粒数 36~38 粒，千粒重 42~45 克，容重 800 克 / 升左右。2006 年经中国农科院植保所抗病性鉴定：中抗至中感条锈病，中抗白粉病，感叶锈病、赤霉病和纹枯病。2005~2006 两年经农业部谷物品质监督检验测试中心测试平均：籽粒蛋白质 14.27%、湿面 33.1%、出粉率 68%、吸水率 62.2%、形成时间 4.0 分钟、稳定时间 3.3 分钟。

栽培技术要点：（一）适期播种，合理密植：济麦 22 播期弹性大，适宜播期 10 月 5~15 日，每亩适宜基本苗 12 万 ~15 万。（二）科学施肥，加强管理：施足基肥，重施拔节肥，防治好病虫害。（三）化学除草。在春季 3 月上中旬，采用“苯磺隆”类成分的除草剂，亩用有效成分 1~1.5 克，对分均匀喷雾。请注意：尽量不要采用含有“2,4-D”或“二甲四氯”成分的除草剂，以免出现药害，因畸形穗而影响产量。（四）预防病虫害。据笔者几年来的实践证明，在小麦抽穗后喷施一次“混合药”，对于小麦的增产效果明显。大家都知道，小麦的抽穗扬花期正值吸浆虫成虫产卵盛期（4 月下旬至 5 月上旬），此期喷药对除治吸浆虫十分重要；同时，近几年危害渐趋严重的小麦赤霉病，也是在小麦抽穗扬花阶段遇高湿条件得以流行发生的，此期喷药对预防赤霉病的效果理想；另外，小麦后期也是白粉病、锈病、蚜虫多发期，对小麦产量和品质的负面影响很大。

适宜在黄淮冬麦区北片的山东、河北南部、山西南部、河南安阳和濮阳的水地种植。

（二）百农 207

由河南百农种业有限公司、河南华冠种业有限公司选育。

特征特性：半冬性中晚熟品种，全生育期 231 天，比对照周麦 18 晚熟 1 天。幼苗半匍匐，长势旺，叶宽大，叶深绿色。冬季抗寒性中等。分蘖力较强，分蘖成穗率中等。早春发育较快，起身拔节早，两极分化快，抽穗迟，耐倒春寒能力中等。中后期耐高温能力较好，熟相好。株高76厘米，株型松紧适中，茎秆粗壮，抗倒性较好。穗层较整齐，旗叶宽长、上冲。穗纺锤形，短芒，白壳，白粒，籽粒半角质，饱满度一般。平均亩穗数40.2万穗，穗粒数35.6粒，千粒重41.7克。抗病性接种鉴定，高感叶锈病、赤霉病、白粉病和纹枯病，中抗条锈病。品质混合样测定，容重810克/升，蛋白质含量14.52%，硬度指数64.0，面粉湿面筋含量34.1%，沉降值36.1毫升，吸水率58.1%，面团稳定时间5.0分钟，最大拉伸阻力311EU，延伸性186毫米，拉伸面积81平方厘米。

栽培技术：10月8~20日播种，亩基本苗12~20万。注意防治纹枯病、白粉病和赤霉病等病。

审定意见：该品种符合国家小麦品种审定标准，通过审定。适宜黄淮冬麦区南片的河南中北部、安徽北部、江苏北部、陕西关中地区高中水肥地块早中茬种植。

（三）鲁原502

由山东省农业科学院原子能农业应用研究所、中国农业科学院作物科学研究所，采用航天突变系优选材料9940168为亲本选育的小麦新品种。

特征特性：半冬性中晚熟品种，成熟期平均比对照石4185晚熟1天左右。幼苗半匍匐，长势壮，分蘖力强。区试田间试验记载冬季抗寒性好。亩成穗数中等，对肥力敏感，高肥水地亩成穗数多，肥力降低，亩成穗数下降明显。株高76厘米，株型偏散，旗叶宽大，上冲。茎秆粗壮、蜡质较多，抗倒性较好。穗较长，小穗排列稀，穗层不齐。成熟落黄中等。穗纺锤型，长芒，白壳，白粒，籽粒角质，欠饱满。亩穗数39.6万穗、穗粒数36.8粒、千粒重43.7克。抗寒性鉴定：抗寒性较差。抗病性鉴定：高感条锈病、叶锈病、白粉病、赤霉病、纹枯病。2009年、2010年品质测定结果分别为：籽粒容重794克/升、774克/升，硬度指数 67.2（2009 年），蛋白质含量 13.14%、13.01%；面粉湿面筋含量 29.9%、28.1%，沉降值 28.5 毫升、27 毫升，吸水率 62.9%、59.6%，稳定时间 5 分钟、4.2 分钟，最大抗延阻力 236EU、296EU，延伸性 106 毫米、119 毫米，拉伸面积 35 平方厘米、50 平方厘米。

栽培技术要点：适宜播种期 10 月上旬，每亩适宜基本苗 13 万 ~18 万苗。加强田间管理，浇好灌浆水。及时防治病虫害。

审定意见：该品种符合国家小麦品种审定标准，通过审定。适宜在黄淮冬麦区北片的山东省、河北省中南部、山西省中南部高水肥地块种植。

（四）中麦 578

由中国农业科学院作物科学研究所、中国农业科学院棉花研究所选育。

特征特性：半冬性品种，全生育期 219.5 ~ 229.6 天，平均熟期比对照品种周麦 18 早熟 1.0 天。幼苗半直立，叶色浓绿，苗势壮，分蘖力较强，成穗率较高，冬季抗寒性好。春季起身拔节早，两极分化快，抽穗早。株高 76.8 ~ 85.7 厘米，株型较紧凑，抗倒性中等。旗叶宽长，穗层整齐，熟相好。穗纺锤形，长芒，白壳，白粒，籽粒角质，饱满度较好。亩穗数 39.5 ~ 43.6 万，穗粒数 26.0 ~ 29.1 粒，千粒重 46.0 ~ 48.6 克。抗病鉴定：中感条锈病、叶锈病、白粉病和纹枯病，高感赤霉病。品质结果：2017 年、2018 年检测，蛋白质含量 15.1%、16.3%，容重 821 克 / 升、803 克 / 升，湿面筋含量 30.8%、32.6%，吸水量 61.6 毫升 /100 克、57.6 毫升 /100 克，稳定时间 18.0 分钟、12.7 分钟，拉伸面积 131 平方厘米、140 平方厘米，最大拉伸阻力 676EU、596EU。2017 年品质指标达到强筋小麦标准。

栽培技术要点：适宜播种期 10 月上中旬，每亩适宜基本苗 16 ~ 18 万。注意防治蚜虫、赤霉病、条锈病、叶锈病、白粉病和纹枯病等病虫害，注意预防倒春寒。

审定意见：该品种符合国家小麦品种审定标准，通过审定。

适宜在黄淮冬麦区南片的河南省除信阳市（淮河以南稻茬麦区）和南阳市南部部分地区以外的平原灌区，陕西省西安、渭南、咸阳、铜川和宝鸡市灌区，江苏省淮河、苏北灌溉总渠以北地区，安徽省沿淮及淮河以北地区高中水肥地块早中茬种植。

（五）新麦 26

是河南省新乡市农业科学院、河南敦煌种业新科种子有限公司利用新麦 9408 和济南 17 选育而成的半冬性多穗型中早熟小麦。

特征特性：半冬性，中熟，成熟期比对照新麦 18 晚熟 1 天，与周麦 18 相当。幼苗半直立，叶长卷，叶色浓绿，分蘖力较强，成穗率一般。冬季抗寒性较好。春季起身拔节早，两极分化快，抗倒春寒能力较弱。株高 80 厘米左右，株型较紧凑，旗叶短宽、平展、深绿色。抗倒性中等。熟相一般。穗层整齐。穗纺锤形，长芒，白壳，白粒，籽粒角质、卵圆形、均匀、饱满度一般。2008 年、2009 年区域试验平均亩穗数 40.7 万穗、43.5 万穗，穗粒数 32.3 粒、33.3 粒，千粒重 43.9 克、39.3 克，属多穗型品种。接种抗病性鉴定：高感白粉病和赤霉病，中感条锈病，慢叶锈病，中抗纹枯病。区试田间试验部分试点高感叶锈病、叶枯病。2008 年、2009 年分别测定混合样：籽粒容重 784 克 / 升、788 克 / 升，硬度指数 64.0、67.5，蛋白质含量 15.46%、16.04%；面粉湿面筋含量 31.3%、32.3%，沉降值 63.0 毫升、70.9 毫升，吸水率 63.2%、65.6%，稳定时间 16.1 分钟、38.4 分钟，最大抗延阻力 628EU、898EU，延伸性 189 毫米、164 毫米，拉伸面积 158 平方厘米、194 平方厘米。品质达到强筋品种审定标准。

栽培技术要点：适宜播种期 10 月 8 日至 15 日，每亩适宜基本苗 18 万 ~ 22 万苗。注意防治白粉病、赤霉病。

审定意见：该品种符合国家小麦品种审定标准，通过审定。适宜在黄淮冬麦区南片的河南（信阳、南阳除外）、安徽北部、江苏北部、陕西关中地区高中水肥地块早中茬种植。在江苏北部、安徽北部和河南东部倒春寒频发地区种植应采取调整播期等措施，注意预防倒春寒。

（六）川麦 104

是四川省农业科学院作物研究所，用品种川麦 42/ 川农 16 选育而成的小麦品种。

特征特性：春性品种，成熟期比对照川麦 42 晚 1 天。幼苗半直立，苗叶较窄、弯曲，叶色深，冬季基部叶轻度黄尖，分蘖力较强，生长势旺。株高平均 84 厘米，株型适中，抗倒性较好。穗层较整齐，熟相好。穗长方型，长芒，白壳，红粒，籽粒半角质，粉质，均匀、饱满。2011 年、2012 年区域试验平均亩穗数 25.7 万穗、24.8 万穗，穗粒数 38.1 粒、40.3 粒，千粒重 47.5 克、44.5 克。抗病性鉴定：条锈病近免疫，中感白粉病，高感叶锈病、赤霉病。混合样测定：籽粒容重 806 克 / 升、791 克 / 升，蛋白质含量 13.02%、12.06%，硬度指数 52.2、44.1；面粉湿面筋含量 26.53%、25.90%，沉降值 35.0 毫升、29.8 毫升，吸水率 54.4%、50.8%，面团稳定时间 5.8 分钟、1.9 分钟，最大拉伸阻力 515EU、810EU，延伸性 168 毫米、126 毫米，拉伸面积 114 平方厘米、133 平方厘米。

栽培技术要点：10 月底至 11 月初播种，亩基本苗 12~14 万。注意防治蚜虫、白粉病、赤霉病和叶锈病等病虫害。

审定意见：该品种符合国家小麦品种审定标准，通过审定。适宜在西南冬麦区的四川、云南、贵州、重庆、陕西汉中和甘肃徽成盆地川坝河谷种植。

（七）西农 511

由西北农林科技大学选育。

特征特性：半冬性，全生育期 233 天，比对照品种周麦 18 晚熟 1 天。幼苗匍匐，分蘖力强，耐倒春寒能力中等。株高 78.6 厘米，株型稍松散，茎秆弹性较好，抗倒性好。旗叶宽大、平展，叶色浓绿，穗层整齐，熟相好。穗纺锤形，短芒、白壳，籽粒角质，饱满度较好。亩穗数 36.9 万穗，穗粒数 38.3 粒，千粒重 42.3 克。抗病性鉴定，高感白粉病、赤霉病，中感叶锈病、纹枯病，中抗条锈病。品质检测，籽粒容重 815 克 / 升、820 克 / 升，蛋白质含量 14.00%、14.68%，湿面筋含量 28.2%、32.2%，稳定时间 11.2 分钟、13.6 分钟。2017 年主要品质指标达到强筋小麦标准。

栽培技术要点：适宜播种期 10 月上中旬，每亩适宜基本苗 12 万 ~20 万，注意防治蚜虫、白粉病、赤霉病、叶锈病、纹枯病等病虫害。

审定意见：该品种完成试验程序，符合国家小麦品种审定标准，通过审定。适宜黄淮冬麦区南片的河南省除信阳市和南阳市南部部分地区以外的平原灌区，陕西省西安、渭南、咸阳、铜川和宝鸡市灌区，江苏和安徽两省淮河以北地区高中水肥地块中茬种植。

（八）淮麦 33

由江苏徐淮地区淮阴农业科学研究所选育。

特征特性：半冬性中晚熟品种，全生育期 228 天，与对照周麦 18 熟期相当。幼苗半匍匐，苗势壮，叶片宽长，叶色青绿，冬季抗寒性较好。冬前分蘖力较强，成穗率中等。春季起身拔节较快，两极分化快，耐倒春寒能力中等。后期耐高温能力较好，熟相中等。株高 83 厘米，茎秆弹性较好，抗倒性较好。株型紧凑，旗叶宽，上冲，叶色深绿，茎秆蜡质重，穗层整齐。穗近长方形，穗长码密，长芒。白壳，白粒，籽粒椭圆形，角质，饱满度较好，黑胚率低。亩穗数 38.7 万穗，穗粒数 36.7 粒，千粒重 39.2 克；抗病性鉴定，中感条锈病，高感白粉病、叶锈病、赤霉病、纹枯病；品质混合样测定，籽粒容重 803 克 / 升，蛋白质（干基）含量 14.78%，硬度指数 65.5，面粉湿面筋含量 33%，沉降值 35.4 毫升，吸水率 57.5%，面团稳定时间 4.9 分钟，最大抗延阻力 232EU，延伸性 179 毫米，拉伸面积 61 平方厘米。

栽培技术要点：适宜播种期 10 月上中旬，亩基本苗 12 万 ~ 18 万苗，注意防治叶锈病、赤霉病、白粉病和纹枯病。

审定意见：该品种符合国家小麦品种审定标准，通过审定。

适宜黄淮冬麦区南片的河南省驻马店及以北地区、安徽省淮北地区、江苏省淮北地区、陕西省关中地区高中水肥地块早中茬种植。

（九）郑麦 379

是河南省农业科学院小麦研究所用周 13 和D9054-6 选育的小麦品种。

特征特性：半冬性，全生育期 227 天，比对照品种周麦 18 晚熟 1 天。幼苗半匍匐，苗势壮，叶片窄长，叶色浓绿，冬季抗寒性较好。分蘖力较强，成穗率较低。春季起身拔节迟，两极分化较快，耐倒春寒能力一般。耐后期高温能力中等，熟相中等。株高 81.8 厘米，茎秆弹性较好，抗倒性较好。株型稍松散，旗叶窄长、上冲，穗层厚。穗纺锤形，小穗较稀，长芒，白壳，白粒，籽粒角质、饱满。亩穗数 40.5 万穗，穗粒数 31.1 粒，千粒重 47.2 克。抗病性鉴定，慢条锈病，高感叶锈病、白粉病、赤霉病、纹枯病。品质检测，籽粒容重 815 克 / 升，蛋白质含量 14.52%，湿面筋含量 30.9%，沉降值 29.6 毫升，吸水率59.9%，稳定时间 5.5 分钟，最大拉伸阻力 314EU，延伸性 139 毫米，拉伸面积 60 平方厘米。

栽培技术：适宜播种期 10 月上中旬，每亩适宜基本苗 15 万~20 万。注意防治叶锈病、白粉病、纹枯病和赤霉病等病虫害。

审定意见：该品种符合国家小麦品种审定标准，通过审定。适宜黄淮冬麦区南片的河南驻马店及以北地区、安徽淮北地区、江苏淮北地区、陕西关中地区高中水肥地块早中茬种植。

（十）济麦 44

由山东省农业科学院作物研究所选育。

特征特性：冬性，幼苗半匍匐，株型半紧凑，叶色浅绿，旗叶上冲，抗倒伏性较好，熟相好。两年区域试验结果平均：生育期 233 天，比对照济麦 22 早熟 2 天；株高 80.1 厘米，亩最大分蘖 102.0 万，亩有效穗 43.8 万，分蘖成穗率 44.3%；穗长方形，穗粒数 35.9 粒，千粒重 43.4 克，容重 788.9 克 / 升；长芒、白壳、白粒，籽粒硬质。2017 年中国农业科学院植物保护研究所接种鉴定结果：中抗条锈病，中感白粉病，高感叶锈病、赤霉病和纹枯病。越冬抗寒性较好。2016 年、2017 年区域试验统一取样经农业部谷物品质监督检验测试中心（泰安）测试结果平均：籽粒蛋白质含量 15.4%，湿面筋 35.1%，沉淀值 51.5 毫升，吸水率 63.8 毫升 /100 克，稳定时间 25.4 分钟，面粉白度 77.1，属强筋品种。

栽培技术要点：适宜播期 10 月 5 ~ 15 日，每亩基本苗 15 ~ 18 万。注意防治叶锈病、赤霉病和纹枯病。其它管理措施同一般大田。

适宜区域：山东省高产地块种植利用。

（十一）宁麦 13

来源于江苏省农业科学院粮食作物研究所宁麦 9 号系选。

特征特性：春性，全生育期 210 天左右，比对照扬麦 158 晚熟 1 天。幼苗直立，叶色浓绿，分蘖力一般，两极分化快，成穗率较高。株高 80 厘米左右，株型较松散，穗层较整齐。穗纺锤形，长芒，白壳，红粒，籽粒较饱满，半角质。平均亩穗数 31.5 万穗，穗粒数 39.2 粒，千粒重 39.3 克。抗寒性比对照扬麦 158 弱，抗倒力中等偏弱，熟相较好。接种抗病性鉴定：中抗赤霉病，中感白粉病，高感条锈病、叶锈病、纹枯病。2004 年、2005 年分别测定混合样：容重 790 克 / 升、798 克 / 升，蛋白质（干基）含量 12.50%、12.44%，湿面筋 27.1%、25.8%，沉降值 36.2 毫升、35.7 毫升，吸水率 59.4%、58.9%，稳定时间 5.7 分钟、6.1 分钟，最大抗延阻力 295EU、278EU。

栽培要点：

1. 适期早播，争壮苗越冬。

2. 江苏苏南地区的播期以 10 月底为宜，江淮之间的播期以 10 月 25 日至 10 月底为宜；适期密植，建立优质高产群体结构。获得 400~450 千克 / 亩的产量指标，要求 30 万穗 / 亩左右，每穗 35~40 粒，千粒重 40 克左右。

3. 为此每亩基本苗以 15 万左右为宜，越冬苗 50 万 ~60 万 / 亩，高峰苗控制在 70 万 ~80 万 / 亩，最后成穗 30 万 / 亩左右；科学施肥，节氮增磷钾保品质。采取节氮增磷钾、氮肥前移的做法。按照 400~450 千克 / 亩的产量指标，每亩施纯氮以 15 千克左右为宜，氮、磷、钾的比例为 1 : 0.5 : 0.5，即每亩磷、钾肥 5 千克左右。

4. 在肥料运筹上掌握前期足肥促早发，后期控制氮肥保品质的原则。氮肥中基肥与追肥的比例为 7 : 3。

5. 追肥中分蘖肥占 15%，拔节孕穗肥占 15%。

6.防治病害，确保优质高产。拔节期，每亩用 20%纹霉净 150~200 克或 5%井冈霉素 400~500 克，加水 20~25 千克用弥雾机弥雾防治纹枯病，并确保药液能淋到茎基部发病部位。抽穗扬花期（10%麦穗见花药），每亩用 75%多菌灵 100 克、15%粉锈宁 35~50 克，加水 60 千克喷雾或加水 20 千克弥雾，防治赤霉病、白粉病和锈病。

种植区域：适宜在长江中下游冬麦区的江苏和安徽两省淮南地区、湖北省鄂北麦区、河南信阳的中上等肥力田块种植。

（十二）烟农 999

山东省烟台市农业科学研究院，用品种“烟航选 2 号、临 9511F1 和烟 BLU14-15”选育的半冬性小麦品种。

特征特性：半冬性，全生育期 227 天，比对照品种周麦 18 晚熟 1 天。幼苗匍匐，苗势较壮，叶片窄卷，叶色浓绿，冬季抗寒性较好。分蘖力较强，分蘖成穗率中等。春季起身拔节较慢，抽穗迟，耐倒春寒能力较好。后期根系活力较强，耐高温能力一般，熟相较好。株高 88 厘米，茎秆弹性中等，抗倒性一般。株型较紧凑，茎秆蜡质层厚。旗叶宽长，略披，穗层厚。穗长方形，穗细长，小穗密，长芒，白壳，白粒，籽粒角质、饱满度中等。亩穗数 40 万穗，穗粒数 33.8 粒，千粒重 44.2 克。抗病性鉴定，慢条锈病，中抗叶锈病，高感白粉病、赤霉病、纹枯病。品质检测，籽粒容重 812 克 / 升，蛋白质含量 14.88%，湿面筋含量

31.15%，沉降值 37.3 毫升，吸水率 56.4%，稳定时间 8.1 分钟，最大拉伸阻力 442EU.，延伸性 152 毫米，拉伸面积 91 平方厘米。栽培要点：适宜播种期 10 月上中旬，每亩适宜基本苗 12 万 ~18 万。注意防治白粉病、纹枯病和赤霉病等病虫害。高水肥地块注意防倒伏。

审定意见：该品种符合国家小麦品种审定标准，通过审定。适宜黄淮冬麦区南片的河南驻马店及以北地区、安徽淮北地区、江苏淮北地区、陕西关中地区高中水肥地块早中茬种植。

（十三）山农 29 号

是山东农业大学用临麦 6 号 /J1781（泰农 18 姊妹系）作亲本选育的半冬性常规小麦品种。

特征特性：山农 29 号 全生育期 242 天，与对照品种良星 99 熟期相当。幼苗半匍匐，分蘖力中等，成穗率高，穗层整齐，穗下节短，茎秆弹性好，抗倒性较好。株高 79 厘米，株型较紧凑，旗叶上举，后期干尖略重，茎秆有蜡质，熟相中等。穗近长方形，小穗排列紧密，长芒，白壳，白粒，籽粒角质、饱满度较好。亩穗数 46.1 万穗，穗粒数 33.8 粒，千粒重 44.5 克。抗性鉴定：抗寒性级别 1 级，慢条锈病，中感白粉病，高感叶锈病、赤霉病和纹枯病。品质检测：籽粒容重 797 克 / 升，蛋白质含量 13.47%，湿面筋含量 28.6%，沉降值 29.7 毫升，吸水率 57.6%，稳定时间 4.7 分钟，最大拉伸阻力 300EU.，延伸性 133 毫米，拉伸面积 56 平方厘米。

栽培技术要点：适宜播种期 10 月上旬，每亩适宜基本苗 18 万 ~22 万。注意防治蚜虫、叶锈病、赤霉病和纹枯病等病虫害。适种地区：黄淮冬麦区北片的山东、河北中南部、山西南部水肥地块。

（十四）龙麦 35

由黑龙江省农业科学院作物育种研究所选育。

特征特性：春性中晚熟品种，全生育期 89 天，比对照垦九 10 号早熟 1 天。幼苗直立，分蘖力强。株高 93 厘米，抗倒性好。

抗旱性好，灌浆快，落黄好。穗纺锤形，长芒，白壳，红粒，角质。平均亩穗数 40.8 万穗，穗粒数 32.2 粒，千粒重 35.3 克。抗病性接种鉴定，高感赤霉病，中感根腐病、白粉病，慢叶锈病，免疫秆锈病。品质混合样测定，籽粒容重 836 克 / 升，蛋白质含量 15.09%，硬度指数 66.9，面粉湿面筋含量 31.0%，沉降值 62.3 毫升，吸水率 61.1%，面团稳定时间 7.1 分钟，最大拉伸阻力 412EU，延伸性 192 毫米，拉伸面积 108 平方厘米。品质达到强筋小麦品种标准。

栽培技术要点：适时播种，亩基本苗 43 ~ 45 万。注意防治赤霉病、根腐病、白粉病、叶锈病等病虫害。

审定意见：该品种符合国家小麦品种审定标准，通过审定。适宜东北春麦区的黑龙江北部、内蒙古呼伦贝尔市种植。

（十五）山农 28 号

是山东农业大学、淄博禾丰种子有限公司选育的小麦品种。

特征特性：半冬性，幼苗半直立。株型半紧凑，叶色浓绿，叶片窄短上挺，较抗倒伏，熟相好。两年区域试验结果平均：生育期比济麦 22 早熟近 1 天；株高 75.1 厘米，亩最大分蘖 98.7 万，亩有效穗 46.3 万，分蘖成穗率 46.9%；穗型纺锤，穗粒数 32.7 粒，千粒重 43.9 克，容重 794.8 克 / 升；长芒、白壳、白粒，籽粒饱满度中等、硬质。2014 年中国农业科学院植物保护研究所接种抗病鉴定结果：高抗白粉病，中感赤霉病、纹枯病和条锈病，高感叶锈病。越冬抗寒性中等。2011 年、2012 年区域试验统一取样经农业部谷物品质监督检验测试中心（泰安）测试结果平均：籽粒蛋白质含量 14.5%，湿面筋 36.6%，沉淀值 33.3 毫升，吸水率 59.9 毫升 /100 克，稳定时间 3.1 分钟，面粉白度 74.1。

栽培技术要点：适宜播期 10 月 5~10 日，每亩基本苗 12~15 万。注意防治蚜虫和叶锈病。其它管理措施同一般大田。

适宜范围：在山东省高肥水地块种植利用。

（十六）郑麦 1860

由河南省农业科学院小麦研究所选育。

特征特性：半冬性，全生育期231天，比对照品种周麦18熟期略早。幼苗半直立，叶片细长，叶色深绿，分蘖力较强。株高83厘米，株型稍松散，抗倒性中等。旗叶平展，整齐度一般，穗层厚，熟相好。穗近长方形，长芒、白壳、白粒，籽粒角质，饱满度较好。亩穗数39.8万穗，穗粒数33.3粒，千粒重47.3克。抗病性鉴定，高抗条锈病，高感纹枯病、赤霉病、白粉病和叶锈病。区试两年品质检测结果，籽粒容重814克/升、819克/升，蛋白质含量13.31%、13.56%，湿面筋含量29.6%、31.4%，稳定时间4.6分钟、4.2分钟，吸水率56.4%。

栽培技术要点：适宜播种期10月上中旬，每亩适宜基本苗12万~20万，注意防治蚜虫、叶锈病、白粉病、赤霉病和纹枯病等病虫害。高水肥地块注意防止倒伏。

审定意见：该品种符合审定标准，通过审定。适宜黄淮冬麦区南片的河南省除信阳市和南阳市南部部分地区以外的平原灌区，陕西省西安、渭南、咸阳、铜川和宝鸡市灌区，江苏和安徽两省淮河以北地区高中水肥地块早中茬种植。

（十七）扬麦25

是江苏里下河地区农业科学研究所用扬17、扬11和豫麦18选育的春性小麦品种。

特征特性：春性，全生育期202天，与对照品种扬麦20相当。幼苗半匍匐，分蘖力强，生长旺盛。株型较紧凑，叶上举，穗层较整齐，株高83厘米，抗倒性较好，熟相好。穗纺锤形，长芒，白壳，红粒，籽粒椭圆形、半硬质–粉质，饱满。亩穗数33.0万穗，穗粒数38.9粒，千粒重38.8克。抗病性鉴定，中感赤霉病，高感白粉病、条锈病、叶锈病和纹枯病。品质检测，籽粒容重776克/升，蛋白质含量13.56%，湿面筋含量28.5%，吸水率52.1%，沉降值37.9毫升，稳定时间5.3分钟，最大拉伸阻力477EU，延伸性152毫米。

栽培要点：适宜播种期10月下旬至11月上旬，每亩适宜基本苗16万。注意防治蚜虫、白粉病、纹枯病、赤霉病、条锈病和叶锈病等病虫害。

审定意见：该品种符合国家小麦品种审定标准，通过审定。适宜长江中下游冬麦区的江苏淮南地区、安徽淮南地区、上海、浙江、湖北中南部地区、河南信阳地区种植。

（十八）百农 4199

由河南科技学院选育。

特征特性：半冬性品种，全生育期 216.5 ~ 231.9 天，平均熟期比对照品种周麦 18 早熟 0.4 天。幼苗半直立，叶色深绿，苗势一般，分蘖力弱。春季返青较迟，拔节较快，两极分化快，抽穗偏晚，耐倒春寒能力一般。株高 65.7 ~ 70.7 厘米，株型松紧适中，抗倒性好。旗叶宽大，穗下节短，穗层较整齐，熟相一般。穗纺锤形，长芒，白壳，白粒，籽粒半角质，饱满度一般。亩穗数 37.0 ~ 40.5 万，穗粒数 34.7 ~ 39.3 粒，千粒重 37.5 ~ 42.1 克。抗病鉴定：中抗白粉病，中感条锈病和叶锈病，高感纹枯病和赤霉病。品质结果：2017 年、2018 年检测，蛋白质含量 14.6%、14.2%，容重 795 克 / 升、732 克 / 升，湿面筋含量 29.6%、27.5%，吸水量 57.3 毫升 /100 克、55.9 毫升 /100 克，稳定时间 7.0 分钟、5.5 分钟，拉伸面积 58 平方厘米、79 平方厘米，最大拉伸阻力 264EU、334EU。

栽培技术要点：适宜播种期 10 月上中旬，每亩适宜基本苗 20 ~ 22 万。注意防治蚜虫、纹枯病、赤霉病、条锈病和叶锈病等病虫害，注意预防倒春寒。

审定意见：该品种符合河南省小麦品种审定标准，通过审定。适宜河南省（南部长江中下游麦区除外）早中茬地种植。

（十九）周麦 36 号

由河南省周口市农业科学院选育。

品种特性：半冬性，全生育期 232 天，与对照品种周麦 18 熟期相当。幼苗半匍匐，叶片宽短，叶色浓绿，分蘖力中等，耐倒春寒能力中等。株高 79.7 厘米，株型松紧适中，茎秆蜡质层较厚，茎秆硬，抗倒性强。旗叶宽长、内卷、上冲，穗层整齐，熟相好。穗纺锤形，短芒、白壳、白粒，籽粒角质，饱满度较好。亩穗数 36.2 万穗，穗粒数 37.9 粒，千粒重 45.3 克。抗病性鉴定，高感白粉病、赤霉病、纹枯病，高抗条锈病和叶锈病。品质检测，籽粒容重 796 克 / 升、812 克 / 升，蛋白质含量 14.78%、13.02%，湿面筋含量 31.0%、32.9%，稳定时间 10.3 分钟、13.6 分钟。2016 年主要品质指标达到强筋小麦标准。

栽培技术要点：适宜播种期 10 月上中旬，每亩适宜基本苗 15 万 ~22 万，注意防治蚜虫、白粉病、纹枯病、赤霉病等病虫害。

审定意见：该品种完成试验程序，符合国家小麦品种审定标准，通过审定。适宜黄淮冬麦区南片的河南省除信阳市和南阳市南部部分地区以外的平原灌区，陕西省西安、渭南、咸阳、铜川和宝鸡市灌区，江苏和安徽两省淮河以北地区高中水肥地块中茬种植。

（二十）烟农 1212

由河北粟神种子科技有限公司、山东省烟台市农业科学研究院选育。

特征特性：该品种属半冬性中熟品种，生育期 235 天左右。幼苗半匍匐，叶色深绿色，分蘖力中等。成株株型半紧凑，株高 74 厘米左右。亩穗数 40 万左右。穗棍棒形，长芒，白壳，白粒，半硬质，籽粒饱满。穗粒数 32.9 个，千粒重 41.1 克。熟相好。抗倒性好。抗寒性中等。品质：2018 年河北省农作物品种品质检测中心测定，粗蛋白质（干基）14.0%，湿面筋（14%湿基）32.7%，吸水量 55.8 毫升 /100 克，稳定时间 3.2 分钟，最大拉伸阻力 185EU，拉伸面积 39 平方厘米，容重 775 克 / 升。抗病性：河北省农林科学院植物保护研究所抗病性鉴定结果，2016—2017 年度高抗条锈病，高抗叶锈病，中抗白粉病，高感赤霉病；2017—2018 年度高抗条锈病，中抗叶锈病，高抗白粉病，高感赤霉病，中感纹枯病。

栽培技术要点：适宜播种期为 10 月 5 日 ~ 15 日，亩播种量

11.5～12.5千克，晚播适当加大播量。足墒播种，播后镇压。亩施磷酸二铵30千克、尿素10～20千克做底肥，起身拔节期结合浇水亩追施25千克尿素。全生育期在起身拔节期和灌浆初期灌溉两次为宜，忌灌浆后期浇水。加强中后期小麦吸浆虫、蚜虫的综合防治，做到“一喷综防”。

审定意见：该品种符合河北省小麦品种审定标准，通过审定。适宜在河北省中南部冬麦区中高水肥地块种植。

（二十一）镇麦12号

由江苏丘陵地区镇江农科所选育，

特征特性：幼苗直立，叶色较深；分蘖力中等偏弱；株型偏松散，茎秆粗壮，抗倒性较好；穗近长方形，长芒、白壳、红粒，硬质。区试平均结果：全生育期211.2天，较对照长1.6天；株高81.8厘米，每亩有效穗30.1万，每穗36.16粒，千粒重45.84克。抗病性经江苏省农科院植保所三年接种鉴定：中抗赤霉病，中感白粉病和纹枯病，高抗黄化叶病，抗穗发芽。品质经农业部谷物品质监督检验测试中心测定，两年区试测定平均结果：容重784克/升，粗蛋白含量15.24%，湿面筋含量32.9%，稳定时间14.1分钟，硬度指数69.3。

栽培技术要点：播种期。适宜播期为10月25日至11月10日。种植密植。适期播种每亩基本苗18万左右。肥水管理。每亩需施纯氮18千克左右，并注意搭配使用适量的磷钾肥。其中65%的氮肥用作基苗肥，35%用作拔节孕穗肥。田间沟系配套，注意防涝抗旱。防治病虫草害。出苗后要抢墒做好化除工作。做好纹枯病、赤霉病、白粉病和蚜虫等防治工作。收获。蜡熟末期抓紧收获，确保丰产丰收。

适应范围 适宜江苏省淮南麦区种植。

（二十二）衡观35

由河北省农林科学院旱作农业研究所选育。

特征特性：半冬性，中早熟，成熟期比对照豫麦49号和新麦18早1～2天。幼苗直立，叶宽披，叶色深绿，分蘖力中等，春季起身拔节早，生长迅速，两极分化快，抽穗早，成穗率一般。株高77厘米左右，株型紧凑，旗叶宽大、卷曲，穗层整齐，长相清秀。穗长方形，长芒，白壳，白粒，籽粒半角质，饱满度一般，黑胚率中等。平均亩穗数36.6万穗，穗粒数37.6粒，千粒重39.5克。苗期长势壮，抗寒力中等。对春季低温干旱敏感。茎秆弹性好，抗倒性较好。耐后期高温，成熟早，熟相较好。接种抗病性鉴定：中抗秆锈病，中感白粉病、纹枯病，中感至高感条锈病，高感叶锈病、赤霉病。田间自然鉴定：叶枯病较重。2005年、2006年分别测定混合样：容重783克/升、794克/升，蛋白质（干基）含量13.99%、13.75%，湿面筋含量29.3%、30.3%，沉降值32.5毫升、27.2毫升，吸水率62%、60.4%，稳定时间3分钟、3分钟，拉伸面积39平方厘米、32平方厘米。

栽培技术要点：适宜播期10月上中旬，每亩适宜基本苗16万~20万苗，注意防治叶锈病、叶枯病、纹枯病、赤霉病。

审定意见：该品种符合国家小麦品种审定标准，通过审定。适宜在黄淮冬麦区南片的河南中北部、安徽北部、江苏北部、陕西关中地区、山东菏泽地区的高中产水肥地早中茬种植。

(二十三) 扬麦33

由江苏里下河地区农业科学研究选育。

特征特性：春性，全生育期201.3天，比对照扬麦20熟期略早。幼苗半匍匐，叶片宽短，叶色深绿，分蘖力中等。株高84.3厘米，株型较紧凑，抗倒性中等。整齐度好，穗层整齐，熟相好。穗纺锤形，长芒，红粒，籽粒粉质，饱满度好。亩穗数31.8万穗，穗粒数39.4粒，千粒重43.3克。抗病性鉴定：抗赤霉病，中感纹枯病、白粉病，高感条锈病、叶锈病。品质检测：蛋白质含量11.6%、12.3%，湿面筋含量25.6%、19.8%，稳定时间2.7分钟、6.2分钟，吸水率57.1%、51.4%，最大拉伸阻力348.5 Rm.EU、735Rm.EU，拉伸面积54.5平方厘米、105平方厘米。

栽培技术要点：适宜播期10下旬至11月中上旬，亩基本苗

16 万亩左右，注意防治条锈病、叶锈病及蚜虫。

审定意见：该品种符合国家小麦品种审定标准，通过审定。适宜在长江中下游冬麦区的江苏和安徽两省淮河以南地区、湖北、浙江、上海、河南信阳地区种植。

（二十四）山农 20

是由山东农业大学选育。

特征特性：2008 年、2009 年区域试验平均亩穗数 43.2 万穗、45.8 万穗，穗粒数 32.9 粒、31.8 粒，千粒重 43.1 克、40.2 克，属多穗型品种。接种抗病性鉴定：高感赤霉病，中感条锈病和纹枯病，慢叶锈病，白粉病免疫。区试田间试验部分试点中感白粉病，有颖枯病，中感至高感叶枯病。2008 年、2009 年分别测定混合样：籽粒容重 805 克 / 升、786 克 / 升，硬度指数 66.0、66.8，蛋白质含量 13.57%、13.80%；面粉湿面筋含量 31.4%、30.9%，沉降值 29.6 毫升、31.4 毫升，吸水率 61.5%、62.5%，稳定时间 3.2 分钟、3.4 分钟，最大抗延阻力 204EU、282EU，延伸性 152 毫米、146 毫米，拉伸面积 45 平方厘米、58 平方厘米。

栽培技术要点：适宜播种期 10 月上中旬，每亩适宜基本苗 15 万 ~20 万苗。科学施肥，加强管理：施足基肥，重施拔节肥。成分 1~1.5 克，对分均匀喷雾。请注意：尽量不要采用含有“2,4–D”或“二甲四氯”成分的除草剂，以免出现药害，因畸形穗而影响产量。预防病虫害。

审定意见：该品种符合国家小麦品种审定标准，通过审定。适宜在黄淮冬麦区南片的河南（南阳、信阳除外）、安徽北部、江苏北部、陕西关中地区高中水肥地块早中茬种植。

**二、环境条件**

生产基地宜选择经绿色农业环境监测部门检测、生态环境良好，地势平坦、土层深厚、有机质含量丰富、灌排便利、科学种田水平较高的产区，其环境质量符合绿色农业产地环境质量要求。

## 三、播种技术

### （一）精细整地

小麦产地的土壤应具有良好的物理、化学特性，土地平整、耕层深厚、结构良好、有机质和养分含量丰富、排灌水方便、保水力强的中性黏质土壤。整地做到“深、细、净、透、实、平”，稻田种麦要在水稻生育后期及时开好田间排水沟。

1.技术要点

(1) 根据种植方式、土壤条件、田块规模等因素，选择机具和耕整地方式。耕性良好的土壤宜用铧式犁耕翻，然后用钉齿耙或圆盘耙耙地；耕性不良的可先用深松机松土，再用旋耕机旋耕，也可直接用旋耕机完成耕整作业；土层薄、底土肥力低可采取上翻下松，分层耕作。

(2) 前茬作物收后应适时灭茬并在宜耕期内作业；土壤含水量适宜应耕后即耙，也可耕耙联合作业；需秸秆还田或灭茬的田块，应适时进行秸秆还田或灭茬作业。

(3) 根据实际情况划分作业地段，其长度与宽度应便于机具作业；斜坡地耕作方向应与坡向垂直，尽可能进行水平耕作。

(4) 耕深一般 16 厘米 ~25 厘米。耕层浅的田应结合增施有机肥适当增加耕深。深施的化肥量应满足作物要求并保证连续均匀无断条。松软土壤或旱情严重时应酌情镇压。

(5) 耙地宜先重耙破碎垡片，后轻耙平地。重耙耙深 16 厘米 ~20 厘米，轻耙耙深 10 厘米 ~12 厘米。相邻耙行间应有 10 厘米 ~20 厘米的重叠量。

(6) 用旋耕作业代替耕整地时，一般旋深 8 厘米 ~12 厘米；浅旋耕条播联合作业旋深 3 厘米 ~5 厘米；浅旋耕条播作业时，一般土壤含水率 20%左右，稻茬地 20%~30%。

(7) 耕作方式应旋耕 2 年深耕一次；深耕深松宜 2~3 年一次。三漏田不宜深松。

2.质量要求

(1) 地头整齐、到边到拐，实际耕幅接近犁耕幅，无漏耕重耕。

（2）翻垡覆盖良好，大多数植被埋覆在 8 厘米以下。

（3）整地要耙细、整平，表面无杂物，少重耙、无漏耙，不得将肥料耙出地面。

（4）耙后地表平坦，表土细碎、松软、平整，犁耕深浅均匀一致，犁沟平直。

（5）采用免少耕作业后，表层土壤松碎，根茬、杂草被粉碎后均匀地混于表土层中。

（6）整后畦田规范，宽窄一致，埂直如线，土壤上虚下实。

3.注意事项

（1）作业中机具上不能坐人或放置重物。如犁耙入土性能不好，应加配重并固定牢固。

（2）地头转弯或转移过地埂时，应将机具提起，减速行驶。夜间作业严禁在田头睡觉。

（3）安装旋耕刀应在技术人员指导下进行，装配后应进行刀辊转速下不少于 1 小时的空运转，试验中传动系统不得有异常响声；旋耕机能达到碎土指标前提下尽量降低刀辊转速。

（二）测土配方施肥，施足基肥，适时追肥

根据小麦的需肥规律、土壤供肥能力及目标产量要求，实行测土配方施肥。遵循以有机肥为主、底肥为主，控氮、稳磷、补钾、增微，平衡施肥的原则。高产田要“控氮、增磷、补钾、配微”，氮肥实行总量控制，分期调控；中产田要“稳氮、增磷”，低产田要“增氮、增磷”。

500~600 千克的高产麦田，亩施有机肥 5 方，纯氮（N）14~16 千克，磷（$P_2O_5$）6~8 千克，钾（$K_2O$）5~7 千克；

400~500 千克的麦田，亩施有机肥 4 方，纯氮（N）12~14 千克，磷（$P_2O_5$）5~7 千克，钾（$K_2O$）4~5 千克；

300~400 千克的麦田，亩施有机肥 4 方，纯氮（N）10~12 千克，磷（$P_2O_5$）4~6 千克；

300 千克以下的麦田，亩施有机肥 4 方，纯氮（N）7~9 千克，磷（$P_2O_5$）3~4 千克；

大力推广“氮肥后移”技术，高产麦田氮肥 60%底施、40%拔节期结合浇水追施；中低产麦田氮肥 70%底施、30%起身期追施；旱地麦田应重施底肥，春季视麦田墒情和苗情趁雨适当追施氮肥。氮肥要深施，磷、钾肥一次坐底分层施用，2/3 掩底、1/3 撒垡头，以提高肥料利用率。

（三）播种

1.种子处理

（1）精细选种：选用无病虫、无杂质、籽粒大而饱满、发芽率高的种子。

（2）晒种：播前晒种 1~2 天，提高发芽势。

（3）药剂拌种：每千克种子用 15%粉锈宁 2 克 +15%多效唑 1 克进行药剂拌种，能促进分蘖，预防病虫。

2.播种

不同播种期、播种量、播种深度等不仅能调控小麦的群体结构，还会影响小麦的生育进程、产量和品质。

（1）适时播种

在影响小麦形成壮苗的诸因素中，温度是最主要的因素。因此，播种期早晚是能否形成壮苗的关键，必须适期播种。若播期过早，麦苗易涉长，冬前群体发展难以控制；土壤养分早期消耗过度，易形成先旺后弱的“老弱苗”：易受病虫害、冻害等。播期过晚的缺点是：①温度低，出苗慢，出苗率低，苗龄小，冬前营养生长量不够而形不成壮苗：②根系不发达，分蘖少，体内有机养分积累少，抗逆性差；③发育延迟，穗分化开始晚，穗头小；④成熟延迟，种子形成和灌浆过程处在较高温度条件下，千粒重降低，显著减产，影响品质。不同地区条件不同，播期有所不同。一般的小麦在 10 月 5~10 日播种，到 12 月 10 日，日平均气温下降到 0℃进入越冬期，冬前大于 0℃，积温 600~650℃，能满足小麦形成壮苗的要求。

（2）适量播种

播量的多少，要因地因条件因品种制宜。中产田因地力不是太好，适当增加播量，可较多地依靠主茎穗争取高产。高产田若播量过大，易引起群体过大，通风透光不好，个体生长弱，易倒伏，若适当降低播量，群体不会过大，个体促壮，抗倒，穗大，产量较高。播量的多少是建立合理群体结构的关键，不同的品种要掌握一定的播种量。高水肥地半冬性品种亩播量6.5~7.5千克，弱春性品种亩播量8~9千克；中产田半冬性品种7.5~8.5千克，弱春性品种8.5~9.5千克。因灾延误播期及整地质量较差等，可适当调整播种量，每晚播3天增加0.5千克，亩播量最多不能超过15千克。

（3）播种深度

播深一般以3~4厘米为宜，深浅一致，可使出苗迅速，苗齐，苗壮。播种过浅，易落干，缺苗断垄，易受冻害；过深出苗率低，出苗时间长，苗弱，分蘖晚，分蘖少，次生根少，难以形成适宜的群体结构。

**四、田间管理**

实现小麦优质高产，种好是基础，管理是关键，在提高种植基础前提下，应根据小麦不同生育阶段的特点，采用不同的管理措施。

（一）冬前麦田管理

冬前小麦的生育特点可概括为：三长一完成，即长叶、长根、长蘖、完成春化阶段发育。这个时期管理的任务是：促苗齐，苗匀，苗足，培育壮苗，实现合理群体，为麦苗安全越冬和春季生育良好打好基础。主要管理措施是：

1.及早查苗，补种补栽

小麦出苗后，及时查苗补苗，采用于缺苗处浇底水或浸种催芽的方法。小麦3~4叶期进一步疏密补稀，将疙瘩苗疏开，栽苗后普浇一水，确保早发赶齐。

2.合理施用冬前肥水

合理施用冬前肥水是进一步培育壮苗、建立合理群体结构的关键措施。冬前肥水的施用要根据地力、苗情、墒情、气候条件等来决定。

（1）浇冬水

浇冬水的作用：一是可以改善土壤水分状况，满足小麦越冬期间及返青期的需水；二是可以平抑地温；三是可以沉实土壤，可冬水春用，延迟春灌，利于地温回升，麦苗返青早：四是可以减轻病虫害等。为充分发挥冬水的作用，浇冬水要掌握好以下几个环章：一是把握好浇水时间。一般在 11 月底至 12 月初浇水，这个时候日平均气温通常在 3~5℃之间，夜冻昼消。浇水过晚，水渗不下，遇到寒流时地面易结冰，麦苗窒息会死亡；二是浇冬水后，一定要在墒情适宜时及时划锄，破除板结，保持墒情。

（2）追冬肥

俗话说：施肥“年外不如年里”、“冬追金，春追银”，深刻的说明了追冬肥的增产作用。冬前追肥基本上冬施春用。追冬肥一般结合浇水进行，一是冬肥不应过量，对土壤肥力高、群体量大、壮苗、旺苗，应少施或不施冬肥，以免倒伏或贪青：二是不需浇冬水的麦田一般可不施冬肥：三是底肥中未施足磷肥的地块，要注意氮磷配合施用。 深锄断根，镇压划锄。深锄 10 厘米以上，可以断老根，喷新根，深扎根，对小麦根系有促控作用，对于群体过大的麦田能明显地控制群体的发展。对于过旺、群体过大的麦田，可以在立冬前后采用镇压措施。镇压在午后进行，以免早晨有霜冻压伤麦苗。划锄是一项重要的管理措施，可以灭草、松土、弥补裂缝、防旱保墒、减轻或防止冻害等。

（二）肥水管理

对群体适宜的高产麦田，小麦返青起身期可以不施肥水，以控制麦苗过旺生长。对个别群体不足的麦田，在起身前后适当施肥浇水。适当化控、除草：3 月上、中旬小麦起身期，对群体偏大、有倒伏危险的麦田，每亩采用 20%壮丰安乳油 40 毫升 +

75%巨星干燥悬浮剂1克兑水30千克均匀喷雾，起到化控防倒、化学除草的目的。一是重施拔节肥水。具体的追肥时间应根据墒情和苗情而定，一般群体适宜的高产田，宜在拔节初期至中期，对于群体偏大的麦田，宜在拔节中、后期追肥水。二是浇透孕穗水。孕穗期是小麦一生中需水临界期，此期一定要保证有充足的水分，减少小花退化，提高结实率，增加穗粒数。

（三）后期管理

后期管理的主要任务目标是：防早衰，防倒伏，促进粒重，改善品质，提高产量。主要措施是：

1.浇好灌浆水

抽穗灌浆期是小麦需水最多的时期。小麦在扬花后10~15天及时浇灌浆水，以保证生理用水，同时可改善田间小气候，减轻干热风，延缓叶片和根系衰老，增加粒重，提高蛋白质、面筋含量。

2.叶面追肥

小麦扬花后灌浆期间，选择晴天下午4点以后，叶面喷施2%尿素+0.3%磷酸二氢钾，间隔7~10天连喷2遍，不但能增产，还可提高蛋白质含量，延长面团稳定时间。

**五、收获与储藏**

（一）收获

绿色农业小麦生产提倡收割机械化、收后处理工厂化。分段收获可以节约能源，提高产量和品质。其中机械割晒的适宜期为蜡熟中末期，要注意放铺的厚度和角度。晾晒3d左右，籽粒水分适宜时，机械拾禾脱粒。机械联合收割在小麦蜡熟末期至完熟初期进行。人工收割的适宜期为蜡熟中期。各种收获方法均应注意及时晾晒，严防发芽霉变，保证籽粒外观颜色正常，确保产品质量。

（二）储藏

1.晒干进仓（水分应符合国家标准要求）。

2.对不同品种、不同品质、不同用途的籽粒要分开堆放。

3.干燥储藏（注意仓库消毒方法，确保储藏小麦安全）。（4）储藏方法有热密闭储藏、低温储藏，包装、储存达到A级绿色食品标准。

**六、废弃物的循环利用**

小麦的废弃物有麦秆、麦糠，实行机械收割的麦田，应将秸秆直接切碎均匀抛撒覆盖田间，实行秸秆还田循环利用。麦秆还是生产食用菌的好原料。实行手工收割、脱粒的，还可将麦秆作为编织草帽等的原料利用。

1.方法和要求

收获过程中、禁止在沥青路（场）和已被化工、农药、工矿废渣、废液污染过的场地上脱粒、碾压和晾晒。

2.产品包装、运输、加工等后续环节控制

（1）产品运输。运输车辆无污染，专车专货调运，严禁一车多货以及与有污染的化肥、农药及其他有污染的化工产品等混运。

（2）仓储。必须实行一仓一品种或同仓分品种堆放储存防止二次污染。要经常检查温度、湿度和虫鼠霉变的防范工作。

（3）包装。包装必须用专用包装袋包装，包装上必须印有无公害农产品标志，标明无公害水稻的主要项目指标。

**七、废弃物循环利用**

绿色农业小麦生产、合理利用；提倡秸秆还田、麦壳综合利用；严禁焚烧、胡乱堆放、丢弃和污染环境。

## 第二节　玉米绿色种植技术

**一、 品种选用**

玉米品种选择应遵循几个原则：一是生产中选用优良玉米品种必须经过当地农业推广部门试验、示范的审定推广品种。二是品种的生育期要选，在当地既要充分成熟又不浪费光热资源，要适期成熟，要求在霜前 5 天以前正常生理成熟或达到生产目标性状要求为宜。三是玉米品种应具有较高的丰产性和丰产稳定性，对当地自然灾害（如旱涝、低温）和主要病虫害有一定抗性，没有严重危害该品种生长的病害。四是要根据自然条件和生产条件因地制宜选择。当地的光照、温度等自然环境能够满足该玉米品种生长发育的要求，能够正常成熟。五是玉米品种应具有优质性。主要看种植者的目的，籽粒生产为目的的，应注重容重、色泽等；以加工淀粉为目的的，要求玉米籽粒淀粉含量高；加工玉米面、食青玉米穗或速冻上市的，则应考虑其食用的口感品质。种子质量符合国家标准，纯度达到 99%、净度达 98%、发芽率不低于 90%。在同一区域应搭配种植 2~3 个品种，品种每 3 年左右更新一次。

目前农业农村部推介的玉米主导品种有：郑单 958、裕丰 303、京科 968、登海 605、秋乐 368、农大 372、沃玉 3 号、伟科 702、康农 2 号、通玉 9585、德美亚 1 号、隆平 206、德美亚 3 号、东单 1331、联达 F085、富农玉 6 号、MC121、豫单 9953、延科 288、九圣禾 2468、LM518、德单 5 号、翔玉 998、郑原玉 432、豫安 3 号、川单 99。

（一）郑单 958

是堵纯信教授育成的高产、稳产、多抗郑单 958。2001 年先后通过山东、河南、河北三省和国家审定，并被农业部定为重点推广品种。“郑单 958”是 2003~2004 年中国种业界跃出来的一匹黑马。2001 年，“郑单 958”在我国的种植面积只有 339 万亩，到 2002 年就猛增到 1324 万亩，之后更是一路飚升，2003 年 2135 万亩，2004 年 4300 万亩，2005 年 5400 万亩，2006 年 5895 万亩，2007、2008 连续两年更是每年都超过 6000 万亩，占全国当年玉米播种面积的接近 30%，截止目前，“郑单 958”是我国目前种植面积最大的玉米品种。全国已累计推广接近 5 亿亩。

特征特性：幼苗叶鞘紫色，生长势一般，株型紧凑，株高 246 厘米左右，穗位高 110 厘米左右，雄穗分枝中等，分枝与主轴夹角小。果穗筒形，有双穗现象，穗轴白色，果穗长 16.9 厘米，穗行数 14~16 行，行粒数 35 个左右。结实性好，秃尖轻。籽粒黄色，半马齿型，千粒重 307 克，出籽率 88%~90%。属中熟玉米杂交种，夏播生育期 96 天左右。抗大斑病、小斑病和黑粉病，高抗矮花叶病，感茎腐病，抗倒伏，较耐旱。籽粒粗蛋白质含量 9.33%，粗脂肪 3.98%，粗淀粉 73.02%，赖氨酸 0.25%。

突出优点：高产、稳产。1998、1999 两年全国夏玉米区试均居第一位，比对照品种增产 28.9%、15.5%。1998 年区试山东试点平均亩产达674 千克，比对品照种增产 36.7%；高者达 927 千克。经多点调查，958 比一般品种每亩可多收玉米 75 千克 ~150 千克。郑单 958 穗子均匀，轴细，粒深，不秃尖，无空秆，年间差异非常小，稳产性好。

抗倒、抗病：郑单 958 根系发达，株高穗位适中，抗倒性强；活秆成熟，经 1999 年抗病鉴定表明，该品种高抗矮花叶病毒、黑粉病，抗大小斑病。

品质优良：该品种籽粒含粗蛋白 8.47%、粗淀粉 73.42%、粗脂肪 3.92%，赖氨酸 0.37%；为优质饲料原料。

综合农艺性状好：黄淮海地区夏播生育期 96 天左右，株高 240 厘米，穗位 100 厘米左右，叶色浅绿，叶片窄而上冲，果穗长 20 厘米，穗行数 14 行 ~16 行，行粒数 37 粒，千粒重 330 克，出籽率高达 88%~90%。

适应性广：该品种抗性好，结实件好，耐干旱，耐高温，非常适合我国夏玉米区种植。

（二）裕丰 303

北京联创种业股份有限公司选育的玉米品种。

特征特性：在东华北春玉米区出苗至成熟 125 天，与对照郑单 958 相当，属普通玉米品种。幼苗绿色，叶鞘紫色，叶缘绿色，花药淡紫色，颖壳绿色。株型半紧凑，株高 296.0 厘米，穗位 105.0 厘米，成株叶片数 20 片。花丝淡紫到紫色，果穗筒形，穗长 19.0 厘米，穗行数 16 行，穗轴红色。籽粒黄色、半马齿型，百粒重 36.9 克。人工接种抗病（虫）害鉴定，高抗镰孢茎腐病，中抗弯孢叶斑病，感大斑病、丝黑穗病和灰斑病。籽粒容重 766 克 / 升，粗蛋白含量 10.83%，粗脂肪含量 3.40%，粗淀粉含量 74.65%，赖氨酸含量 0.31%。

在黄淮海夏玉米区出苗至成熟 102 天，与对照郑单 958 相当，属普通玉米品种。株高 270.0 厘米，穗位 97.0 厘米，成株叶片数 20 片。穗长 17.0 厘米，穗行数 14~16 行，百粒重 33.9 克。人工接种抗病（虫）害鉴定，中抗弯孢菌叶斑病，感小斑病、大斑病、茎腐病，高感瘤黑粉病、粗缩病和穗腐病。籽粒容重 778 克 / 升，粗蛋白含量 10.45%，粗脂肪含量 3.12%，粗淀粉含量 72.70%，赖氨酸含量 0.32%。

栽培要点：选中上等肥力地块种植，公顷保苗 5.70 万 ~6.30 万株，注意及时防治丝黑穗病、粗缩病、穗腐病和瘤黑粉病。

适应区域：北京、天津、河北北部、内蒙古赤峰和通辽，山西、辽宁、吉林中晚熟区春播种植，叶斑病重发区慎用。该品种还适宜北京、天津、河北保定及以南地区、山西南部、河南、山东、江苏淮北、安徽淮北、陕西关中灌区夏播种植，茎腐病和叶斑病重发区慎用。

（三）京科 968

由北京市农林科学院玉米研究中心选育。

特征特性：黄淮海夏玉米组出苗至成熟 103 天，和对照郑单相当。幼苗叶鞘紫色，花药紫色，株型半紧凑，株高 282 厘米，穗位高 104 厘米，成株叶片数 19 片。果穗筒型，穗长 17.85 厘米，穗行数 14~18 行，穗轴白色，籽粒黄色、半马齿，百粒重 36.35 克。接种鉴定，中抗小斑病，感茎腐病和瘤黑粉病，高感穗腐病、弯孢叶斑病、粗缩病和南方锈病。籽粒容重 732 克 / 升，粗蛋白含量 10.02%，粗脂肪含量 3.77%，粗淀粉含量 74.00%，赖氨酸含量 0.32%。黄淮海夏播青贮玉米组出苗至收获期 98.5 天，比对照雅玉青贮 8 号早熟 1.5 天。幼苗叶鞘浅紫色，株型半紧凑，株高 281 厘米，穗位高 106 厘米。2016 年接种鉴定，中抗茎腐病，中抗小斑病，中抗弯孢叶斑病；2017 年接种鉴定，感茎腐病，中抗小斑病，感弯孢叶斑病，感瘤黑粉病，感南方锈病。全株粗蛋白含量 8.32%~8.69%，淀粉含量 35.07%~39.26%，中性洗涤纤维含量 33.70%~36.84%，酸性洗涤纤维含量 13.25%~15.61%

栽培技术要点：黄淮海夏玉米组：播种期 6 月中旬，根据地力条件，亩种植密度 4000~4500 株。注意防治穗腐病、弯孢叶斑病、粗缩病和南方锈病。黄淮海夏播青贮玉米区：播种期 6 月中旬，根据地力条件，亩种植密度 4000~4500 株。黄淮海夏玉米区：播种期 6 月中旬，根据地力条件，亩种植密度 4000~4500 株。注意预防穗腐病和弯孢叶斑病。

审定意见：该品种符合国家玉米品种审定标准，通过审定。适宜在河南省、山东省、河北省保定市和沧州市的南部及以南地区、陕西省关中灌区、山西省运城市和临汾市、晋城市部分平川地区、江苏和安徽两省淮河以北地区、湖北省襄阳地区夏播种植。适宜在河南省、山东省、河北省保定市和沧州市的南部及以南地区、陕西省关中灌区、山西省运城市和临汾市、晋城市部分平川地区、江苏和安徽两省淮河

（四）登海 605

由山东登海种业股份有限公司选育

特征特性：在黄淮海地区出苗至成熟 101 天，比郑单 958 晚 1 天，需有效积温 2550℃左右。幼苗叶鞘紫色，叶片绿色，叶缘绿带紫色，花药黄绿色，颖壳浅紫色。株型紧凑，株高 259 厘米，穗位高 99 厘米，成株叶片数 19~20 片。花丝浅紫色，果穗长筒型，穗长 18 厘米，穗行数 16~18 行，穗轴红色，籽粒黄色、马齿型，百粒重 34.4 克。经河北省农林科学院植物保护研究所接种鉴定，高抗茎腐病，中抗玉米螟，感大斑病、小斑病、矮花叶病和弯孢菌叶斑病，高感瘤黑粉病、褐斑病和南方锈病。经农业部谷物品质监督检验测试中心（北京）测定，籽粒容重 766 克 / 升，粗蛋白含量 9.35 %，粗脂肪含量 3.76 %，粗淀粉含量

73.40%，赖氨酸含量 0.31%。

栽培要点：

1.播种：播种期 4 月 10~25 日，地表 5 厘米土壤温度稳定通过 12℃，亩用种 2.0 千克，机播或人工精量点播。足墒适期一播全苗。

2.种植方式：单种，宽窄行 60×40 厘米、65×35 厘米，或等行距 50 厘米，株距 24 厘米，亩密度 5500 株。

3.施肥与灌水：重施农家肥，合理配施 N、P、K 肥及微肥，要求土壤肥力中等以上，足施有机底肥，带够种肥，苗施磷肥 15 千克，开沟培土足施追肥，追施尿素 30~40 千克，全生育期灌水 3~5 次；后期防旱。

4.加强管理：看苗看地灌水，及时防治病虫害，种子包衣防丝黑穗病、矮花叶病，大喇叭口期心叶投颗粒杀虫剂防玉米螟；适当晚收获。不宜在内涝、盐碱地种植，涝洼地种植，要及时排水。审定意见：该品种符合国家玉米品种审定标准，通过审定。适宜在山东、河南、河北中南部、安徽北部、山西运城地区夏播以及内蒙古自治区适宜区域、陕西省、浙江省种植，注意防治瘤黑粉病，褐斑病、南方锈病重发区慎用。

（五）秋乐 368

由河南秋乐种业科技股份有限公司选育。

特征特性：在东华北春播区出苗至成熟 128 天，比对照品种郑单 958 早 2 天。株高 312 厘米，穗位高 129 厘米，花药浅紫色，花丝紫色。果穗筒型，穗长 19.3 厘米，穗粗 5.1 厘米，穗行数 16 行左右，穗轴红色，籽粒黄色，马齿型，百粒重 37.8 克。接种鉴定：中抗镰孢茎腐病，抗镰孢穗腐病，感大斑病和丝黑穗病，高感灰斑病。容重 783 克 / 升，粗蛋白含量 10.14%，粗脂肪含量 3.41%，粗淀粉含量 73.51%。

在黄淮海夏播玉米区出苗至成熟 103 天，与对照品种郑单 958 相当，株高 299 厘米，穗位高 109 厘米。幼苗叶鞘紫色，花丝紫色，花药浅紫色，株型半紧凑，果穗筒型，穗长 17.5 厘米，穗粗 5.0 厘米，穗行数 16 行左右，百粒重 35.7 克。接种鉴定：中抗茎腐病，感小斑病、弯孢叶斑病和穗腐病，高感瘤黑粉病和粗缩病。容重 783 克 / 升，粗蛋白含量 10.14%，粗脂肪含量 3.41%，粗淀粉含量 73.51%。

栽培技术：东华北春玉米区选择中等肥力以上地块栽培，4 月下旬播种，每亩种植密度 4000~4500 株。黄淮海夏玉米区适宜种植密度 4000~4500 株 / 亩。6 月 15 前播种。

审定意见：该品种符合国家玉米品种审定标准，通过审定。适宜在吉林省四平市、松原市、长春市的大部分地区，辽源市、白城市、吉林市部分地区、通化市南部，辽宁省除东部山区和大连市、东港市以外的大部分地区，内蒙古赤峰市和通辽市大部分地区，山西省忻州市、晋中市、太原市、阳泉市、长治市、晋城市、吕梁市平川区和南部山区，河北省张家口市、承德市、秦皇岛市、唐山市、廊坊市、保定市北部、沧州市北部春播区，北京市春播区，天津市春播区等东华北春玉米区地种植。注意防治灰斑病、大斑病和丝黑穗病。

适宜在河南省、山东省、河北省保定市和沧州市的南部及以南地区，唐山市、秦皇岛市、廊坊市、沧州市北部、保定市北部夏播区，北京市、天津市夏播区，陕西省关中灌区，山西省运城市和临汾市、晋城市夏播区，安徽和江苏两省的淮河以北地区等黄淮海夏播玉米区种植。注意防治玉米瘤黑粉病、粗缩病、小斑病、弯孢叶斑病、丝黑穗病。

（六）农大 372

由北京华奥农科玉育种开发有限公司选育。

特征特性：黄淮海夏玉米区出苗至成熟 103 天，与对照郑单 958 相当。幼苗叶鞘紫色，叶片绿色，叶缘浅紫色，花药浅紫色，颖壳浅紫色。株型半紧凑，株高 280 厘米，穗位高 105 厘米，成株叶片数 21 片。花丝绿色，果穗长筒型，穗长 21 厘米，穗行数 14 ~ 16 行，穗轴红色，籽粒黄色、半马齿型，百粒重 35.7 克。接种鉴定，抗镰孢茎腐病和大斑病，中抗小斑病和腐霉茎腐病，感弯孢叶斑病、茎腐病和穗腐病，高感瘤黑粉病和粗缩病。籽粒容重 764 克 / 升，粗蛋白含量 8.61%，粗脂肪含量 3.05%，粗淀粉含量 75.86%，赖氨酸含量 0.28%。

栽培技术要点：中上等肥力地块种植，6 月上中旬播种，亩种植密度 4500 ~ 5000 株；亩施农家肥 2000 ~ 3000 千克或三元复合肥 30 千克做基肥，大喇叭口期亩追施尿素 30 千克。

审定意见：该品种符合国家玉米品种审定标准，适宜河北保定以南地区、山西南部、山东、河南、江苏淮北、安徽淮北、陕西关中灌区夏播种植。注意防治瘤黑粉病、粗缩病。沃玉 3 号、伟科 702、康农 2 号、通玉 9585、德美亚 1 号、隆平 206、德美亚 3 号、东单 1331、联达 F085、富农玉 6 号、

（七）MC121

由北京市农林科学院玉米研究中选育。

特征特性：普通夏玉米品种。出苗至成熟 101 天，与对照京单 28 相当。花药紫色，花丝浅紫色。株型紧凑，株高 279 厘米，穗位 106 厘米，空秆率 1.5%。果穗筒型，穗轴白色，穗长 16.7 厘米，穗粗 5.1 厘米，秃尖长 1.0 厘米，穗行数 14.8，行粒数 31.2，穗粒重 154.1 克。籽粒黄色，硬粒型，百粒重 36.9 克。接种鉴定高抗瘤黑粉病，抗弯孢叶斑病，中抗腐霉茎腐病，感小斑病和禾谷镰孢穗腐病。籽粒（干基）含粗蛋白质 8.67%，粗脂肪 3.90%，粗淀粉 75.71%，赖氨酸 0.27%，容重 792 克 / 升。

栽培技术要点：在中等肥力以上地块栽培，种植密度每亩 5000 株左右。

①东华北中晚熟春玉米区：玉米种子适合在中等肥力以上地力种植，4 月下旬至 5 月上旬播种，亩种植密度 4000~4500 株。

②黄淮海夏玉米区，中等肥力以上地块栽培，MC121 玉米种子适合在夏播播期 6 月中到下旬播种，最佳播期 6 月 8~15 日，亩种植密度 4500~5000 株。

③推荐采用精量播种，足墒下种。如果墒情不足，可以先浇水再播种，或者播后随即浇水。

④施足底肥，氮磷钾配合，通知高肥地注意化控防倒伏。

⑤注意适时防治病虫害，春播地区注意预防丝黑穗病，夏播地区注意预防瘤黑粉病和粗缩病。

审定意见：该品种符合国家玉米品种审定标准，通过审定。适宜在北京，天津和河北唐山市、秦皇岛市、廊坊市及沧州、保定北部地区夏播种植。

（八）豫单9953

由南农业大学选育。

特征特性：黄淮海夏玉米机收组出苗至成熟101天，比对照郑单958早熟2.5天。幼苗叶鞘紫色，叶片绿色，叶缘绿色，花药浅紫色，颖壳浅紫色。株型紧凑，株高255.5厘米，穗位高88厘米，成株叶片数19片。果穗筒型，穗长16.9厘米，穗行数16～18行，穗粗5.2厘米，穗轴红，籽粒黄色、半马齿，百粒重32.6克。适收期籽粒含水量25.95%，适收期籽粒含水量（≤28点次比例）79%，适收期籽粒含水量（≤30点次比例）92%，抗倒性（倒伏倒折率之和≤5.0%）达标点比例86%，籽粒破碎率为4.85%。黄淮海夏玉米组出苗至成熟99.5天，比对照郑单958早熟3天。幼苗叶鞘紫色，叶片绿色，叶缘绿色，花药浅紫色，颖壳浅紫色。株型紧凑，株高254厘米，穗位高89厘米，成株叶片数19片。果穗筒型，穗长16.6厘米，穗行数16～18行，穗轴红，籽粒黄色、半马齿，百粒重31.55克。接种鉴定，中抗茎腐病，感穗腐病，中抗小斑病，感弯孢叶斑病，高感粗缩病，高感瘤黑粉病，感南方锈病。品质分析，籽粒容重763克/升，粗蛋白含量11.85%，粗脂肪含量4.57%，粗淀粉含量72.31%，赖氨酸含量0.29%。

栽培技术要点：中上等肥力地块种植，可采用等行距或宽窄行种植；麦收后要抢时早播；种植密度5000株/亩。苗期注意蹲苗，保证充足的肥料供应，并注意N、P、K配合使用；籽粒乳腺消失后收获。

(1) 播期与密度：河南省夏播，6月上中旬播种；种植密度中等水肥地 4000 株 / 亩，高水肥地 4500 株 / 亩。

（2）田间管理：苗期注意防治蓟马、地老虎、蚜虫；中后期注意防治玉米螟和蚜虫；科学施肥，浇好拔节、孕穗、灌浆水。

（3）适时收获：玉米籽粒尖端出现黑色层时收获。

审定意见：该品种符合国家玉米品种审定标准，通过审定。适宜在黄淮海夏玉米区的河南省、山东省、河北省保定市和沧州市的南部及以南地区、陕西省关中灌区、山西省运城市和临汾市、晋城市部分平川地区、江苏和安徽两省淮河以北地区、湖北省襄阳地区种植。也适宜在黄淮海夏玉米区（除去河北石家庄及山东济南、临沂、烟台、聊城等易倒伏地区）及京津唐适合种植郑单 958 的夏播区作籽粒机收品种种植。注意防治瘤黑粉病和粗缩病等病害。

（九）延科 288

延安延丰种业有限公司选育。

特征特性：西南春玉米区出苗至成熟 112 天，比渝单 8 号早熟 4 天。幼苗牙鞘紫色，株型紧凑，全株叶片数 18～19 片，株高 220 厘米，穗位高 85 厘米，花药紫色，花丝顶部粉红色，雄穗分枝 5～7 个，果穗长锥型，穗长 18 厘米，穗行数 16～18 行，穗轴红色，籽粒黄色、半马齿型，百粒重 38.4 克。接种鉴定，中抗穗粒腐病，感大斑病、小斑病、丝黑穗病和纹枯病，高感茎腐病。籽粒容重 786 克 / 升，粗蛋白含量 10.2%，粗脂肪含量 3.0%，粗淀粉含量 73.1%，赖氨酸含量 0.3%。

栽培技术要点：中上等肥力地块种植，3 月下旬至 4 月上旬播种，亩种植密度 3500～3800 株。亩施优质农家肥 1500～2000 千克，播种时亩施三元复合肥）30 千克；轻施苗肥，以氮肥为主，在四叶期至拔节期亩施尿素 8～10 千克，大喇叭口期重施穗肥，亩施尿素 15～20 千克。注意防治茎腐病、叶斑病和丝黑穗病。

审定意见：该品种符合国家玉米品种审定标准，通过审定。适宜四川、重庆、云南、贵州、广西、湖南、湖北、陕西汉中地区种植。

（十）九圣禾2468

由九圣禾种业股份有限公司、山西省农业科学院棉花研究所选育。

特征特性：西北春玉米组出苗至成熟131.6天，比对照郑单958晚熟0.5天。幼苗叶鞘紫色，叶片绿色，叶缘绿色，花药浅紫色，颖壳绿色。株型紧凑，株高288厘米，穗位高113厘米，成株叶片数19片。果穗筒型，穗长17.6厘米，穗行数16～18行，穗粗4.8厘米，穗轴红色，籽粒黄色、半马齿，百粒重32.7克。接种鉴定，高感大斑病，高感丝黑穗病，中抗茎腐病，中抗穗腐病，籽粒容重778克/升，粗蛋白含量8.86%，粗脂肪含量3.50%，粗淀粉含量74.01%，赖氨酸含量0.28%。

栽培技术要点：中等肥力以上地块栽培，4月下旬至5月上旬播种，亩种植密度5500～6000株。

审定意见：该品种符合国家玉米品种审定标准，通过审定。适宜在西北春玉米区的内蒙古巴彦淖尔市大部分地区、鄂尔多斯市大部分地区，陕西省榆林地区、延安地区，宁夏引扬黄灌区，甘肃省陇南市、天水市、庆阳市、平凉市、白银市、定西市、临夏州海拔1800米以下地区及武威市、张掖市、酒泉市大部分地区，新疆昌吉州阜康市以西至博乐市以东地区、北疆沿天山地区、伊犁州直西部平原地区春播种植。注意防治大斑病和丝黑穗病。

（十一）LM518

由山东省农业科学院玉米研究所选育。

品种来源：一代杂交种，组合为齐系121/lx03-2。母本齐系121是国外未知名杂交种为基础材料选育，父本lx03-2是选自自配塘四平头类群自交系。

特征特性：株型紧凑，夏播生育期106天，比郑单958早熟1天，全株叶片19片，幼苗叶鞘紫色，花丝粉色，花药黄色，雄穗分枝3～7个。区域试验结果：株高292.8厘米，穗位115.5厘米，倒伏率 0.3%、倒折率 0.6%。果穗筒形，穗长 18.5 厘米，穗粗 5.0 厘米，秃顶 0.9 厘米，穗行数平均 14.2 行，穗粒数 522 粒，白轴，黄粒、半马齿型，出籽率 87.4%，千粒重 359.6 克，容重 723.5 克 / 升。2015 年经河北省农林科学院植物保护研究所抗病性接种鉴定：中抗大斑病，抗小斑病，高抗矮花叶病，感弯孢叶斑病、茎腐病，高感瘤黑粉病、褐斑病。2015 年经农业部谷物品质监督检验测试中心（泰安）品质分析：粗蛋白含量 10.55%，粗脂肪 4.0%，赖氨酸 2.44 微克 / 毫克，粗淀粉 73.53%。

栽培技术要点：适宜密度为每亩 4500 株，其它管理措施同一般大田。

适宜范围：在山东省和河南省适宜地区作为夏玉米品种种植利用。瘤黑粉病、褐斑病高发区慎用。

（十二）德单 5 号

由北京德农种业有限公司选育。

特征特性：幼苗叶鞘紫色，第一叶尖端圆到匙形，第四叶叶缘紫色；雄穗分枝数中等，雄穗颖片浅紫色，花药黄色，花丝绿色；果穗筒型，穗长 14.5~15 里面，穗粗 4.9~5 里面，穗行数 14.9~151653.1，行粒数 33.5~34.7 粒；黄粒，白轴，半马齿型，千粒重 294.41027~311.6 克，出籽率 89.5~90%。

2009 年农业部农产品质量监督检验测试中心（郑州）对该品种多点套袋果穗的籽粒混合样品品质分析：粗蛋 10.18%，粗脂肪 4.26%，粗淀粉 72.18%，赖氨酸 0.336%，容重 742 克 / 升。籽粒品质达到普通玉米国标 1 级；淀粉发酵工业用玉米国标 2 级；饲料用玉米国标 1 级；高淀粉玉米部标 3 级。2009 年河南农业大学植保学院人工接种抗性鉴定：高抗大斑病（1 级），抗矮花叶病（5.6%），中抗小斑病（5 级）、弯孢菌叶 5261 斑病（5 级），感瘤黑粉病（30.2%）、茎腐病（34.1%），高抗玉米螟（1 级）。

栽培技术：播期和密度：麦垄套种或麦后直播，种植密度以 4500 株 / 亩 ~5000 株 / 亩为宜。田间管理：田间管理应注重播种质量，及时间苗、定苗和中耕锄草，及时防治病虫害；按照配方施肥的原则进行水肥管理，磷钾肥和微肥作为底肥一次性施入，氮肥按叶龄分期施肥，重施拔节肥，约占总肥量的60%左右，大喇叭口期施入孕穗肥，约占总肥量的40%。在底肥充足的情况下，也可采用，“一炮轰”的施肥方法。

审定意见：河南省，安徽省和山东省各地种植。

（十三）翔玉998

由吉林省鸿翔农业集团鸿翔种业有限公司选育。

特征特性：幼苗：叶片绿色，叶鞘紫色。植株：紧凑型，株高293厘米，穗位129厘米，21片叶。雄穗：一级分枝4~6个，护颖绿色，花药浅紫色。雌穗：花丝浅紫色。果穗：长筒型，粉轴，穗长18.6厘米，穗粗5.1厘米，秃尖0.4厘米，穗行数14~16，行粒数38，单穗粒重209.5克，出籽率83.8%。籽粒：马齿型，黄色，百粒重33.7克。品质：2013年农业部谷物及制品质量监督检验测试中心（哈尔滨）测定，容重758克/升，粗蛋白8.56%，粗脂肪4.37%，粗淀粉74.15%，赖氨酸0.25%。抗性：2013年吉林省农业科学院植保所人工接种、接虫抗性鉴定，感大斑病（7S），感弯孢病（7S），中抗丝黑穗病（6.3%MR），高抗茎腐病（3.0%HR），感玉米螟（7.0S）。

栽培技术要点：播期：4月末~5月初。密度：亩保苗4000~4500株。施肥：亩施种肥磷酸二铵15千克，大喇叭口期追施尿素25千克以上。注意事项：注意防治大斑病、弯孢病、玉米螟。

适宜地区：内蒙古自治区≥10℃活动积温2900℃以上地区种植。

（十四）郑原玉432

由河南金苑种业股份有限公司选育。

特征特性：东华北中早熟春玉米组出苗至成熟125.5天，比对照吉单27晚熟0.5天。幼苗叶鞘紫色，叶片绿色，叶缘白色，花药紫色，颖壳绿色。株型半紧凑，株高278.5厘米，穗位高106.5厘米，成株叶片数19片。果穗筒型，穗长19.15厘米，穗行数 16 ~ 18 行，穗轴红色，籽粒黄色、半马齿，百粒重 35.1 克。接种鉴定，感大斑病，感丝黑穗病，中抗灰斑病，中抗茎腐病，中抗穗腐病。品质分析，籽粒容重 730 克 / 升，粗蛋白含量 8.47%，粗脂肪含量 4.30%，粗淀粉含量 73.73%，赖氨酸含量 0.26%。东华北中熟春玉米组出苗至成熟 130 天，比对照先玉 335 早熟 1 天。幼苗叶鞘紫色，叶片绿色，叶缘白色，花药紫色，颖壳绿色。株型半紧凑，株高 271.5 厘米，穗位高 104 厘米，成株叶片数 19 片。果穗筒型，穗长 22.8 厘米，穗行数 16 ~ 18 行，穗轴红色，籽粒黄色、半马齿，百粒重 34.9 克。接种鉴定，感大斑病，感丝黑穗病，中抗灰斑病，中抗茎腐病，中抗穗腐病。品质分析，籽粒容重 741 克 / 升，粗蛋白含量 8.64%，粗脂肪含量 4.03%，粗淀粉含量 73.77%，赖氨酸含量 0.26%。黄淮海夏玉米组出苗至成熟 100.5 天，比对照郑单 958 早熟 2.5 天。幼苗叶鞘紫色，叶片绿色，叶缘白色，花药紫色，颖壳绿色。株型半紧凑，株高 246 厘米，穗位高 91 厘米，成株叶片数 19 片左右。果穗筒型，穗长 16.7 厘米，穗行数 16 ~ 18 行，穗轴红色，籽粒黄色、半马齿，百粒重 32.2 克。接种鉴定，中抗茎腐病，中抗穗腐病，中抗小斑病，高感弯孢叶斑病，高感粗缩病，高感瘤黑粉病，高感南方锈病。品质分析，籽粒容重 778 克 / 升，粗蛋白含量 8.26%，粗脂肪含量 4.00%，粗淀粉含量 74.82%，赖氨酸含量 0.26%。

栽培技术要点：春播区适宜播种期 4 月下旬至 5 月上旬，足墒播种，一播全苗，每亩适宜密度 4500 ~ 5000 株。中等肥力以上地块栽培，亩施农家肥 2000 ~ 3000 千克或三元复合肥 30 千克做基肥，大喇叭口期亩追施尿素 30 千克。黄淮海夏播区麦收后及时播种，缺墒浇蒙头水，确保一播全苗，中等费力以上地块栽培，每亩适宜密度 5000 株。

审定意见：该品种符合国家玉米品种审定标准，通过审定。适宜在东华北中早熟春玉米区的黑龙江省第二积极温带，吉林省延边州、白山市的部分地区，通化市、吉林市的东部，内蒙古中东部的呼伦贝尔市扎兰屯市南部、兴安盟中北部、通辽市扎鲁特旗中部、赤峰市中北部、乌兰察布市前山、呼和浩特市北部、包头市北部早熟区种植；适宜在东华北中熟春玉米区的辽宁省东部山区和辽北部分地区，吉林省吉林市、白城市、通化市大部分地区，辽源市、长春市、松原市部分地区，黑龙江省第一积温带，内蒙古乌兰浩特市、赤峰市、通辽市、呼和浩特市、包头市、巴彦淖尔市、鄂尔多斯市等部分地区种植。春播注意防治大斑病、丝黑穗病。适宜在黄淮海夏玉米区的河南省、山东省、河北省保定市和沧州市的南部及以南地区、陕西省关中灌区、山西省运城市和临汾市、晋城市部分平川地区、江苏和安徽两省淮河以北地区、湖北省襄阳地区，北京和天津夏播区种植。夏播注意防治南方锈病、弯孢叶斑病、粗缩病和瘤黑粉病。

（十五）豫安3号

由南平安种业有限公司选育。

特征特性：夏播生育期98~101天。株型紧凑，全株总叶片数18~19片，株高250~261厘米，穗位高105~114厘米；叶色深绿，叶鞘微红，第一叶尖端椭圆形；雄穗分枝5~7个，雄穗颖片微红，花药黄色，花丝浅紫色；果穗筒型，穗长19.6厘米，秃尖长0.5厘米，穗粗5.0厘米，穗行数14~16行，行粒数31.6~36.8粒；穗轴红色，籽粒黄色，半马齿型，千粒重275.2~342.7克，出籽率89.3%，田间倒折率1.4%。

抗性鉴定：2010年河南农业大学植保学院人工接种鉴定：中抗大斑病（5级），抗小斑病（3级），感弯孢菌叶斑病（7级），高感矮花叶病（9级），高抗茎腐病（1级），高感瘤黑粉病（9级），中抗玉米螟（5级）；2011年河南农业大学植保学院人工接种鉴定：中抗大斑病（5级），中抗小斑病（5级），抗弯孢菌叶斑病（3级），高抗矮花叶病（1级），抗茎腐病（3级），中抗瘤黑粉病（5级），感玉米螟（7级）。

品质分析：2010年农业部农产品质量监督检验测试中心（郑州）检测：粗蛋白质10.05%，粗脂肪3.97%，粗淀粉73.81%，赖氨酸 0.307%，容重 754 克 / 升；2011 年农业部农产品质量监督检验测试中心（郑州）检测：粗蛋白质 9.35%，粗脂肪 4.34%，粗淀粉 73.88%，赖氨酸 0.30%，容重 750 克 / 升。

栽培技术要点：

1.播期和密度：6 月上中旬麦后直播，中等水肥地 4000 株 / 亩，高水肥地不超过 4500 株 / 亩。

2.田间管理：科学施肥，浇好三水，即拔节水、孕穗水和灌浆水；苗期注意防止蓟马、蚜虫、地老虎；大喇叭口期用颗粒杀虫剂丢芯，防治玉米螟虫。

3.适时收获：玉米子粒乳腺消失或子粒尖端出现黑色层时收获，以充分发挥该品种的增产潜力。

适宜区域：河南各地推广种植。

（十六）川单 99

由四川农业大学、广西壮族自治区农业科学院玉米研究所选育。

特征特性：生育期春季平均 106 天，秋季平均 100 天，幼苗长势中上，后期田间评定中上，株型平展，幼苗叶片绿色，茎秆之字型无到弱。雄花半紧凑，主轴明显，花丝紫色，雌雄花基本同步开花；苞叶绿色。株高 280 厘米，穗高 105 厘米，穗筒型，籽粒浅黄色马齿粒型，果穗外观中，轴色红色，穗长 19.1 厘米，穗粗 5.07 厘米，秃顶长 1.0 厘米，穗行幅度 12~20 行，平均穗行数 15.6，平均行粒数 43 粒，单穗粒重 172 克，日产量 5.77 千克，百粒重 34.8 克，出籽率 83.4%，空秆率 0.6%；双穗率 0.0%。田间调查大斑病 1 ~ 5 级，平均 1.7 级，小斑病 1 ~ 3 级，平均 1.4 级，纹枯病 1 级，粒腐病 1.1 级，细菌性茎腐病 0.5%，锈病 1 ~ 5 级，平均 1.6 级，青枯病 0.7%，丝黑穗病 0.5%。抗性鉴定结果：感纹枯病，抗南方锈病，中抗大斑病，抗小斑病，感镰孢穗腐病，感镰孢茎腐病。容重 738 克 / 升，粗蛋白 8.07%，粗脂肪 3.72%，粗淀粉 74.87%。区域试验春秋两季平均倒伏率 0.6%，倒折率 0.3%，倒伏倒折率之和为 0.9%，倒伏倒折率之和≥12%的试点比例为0.0%。生产试验春秋两季平均倒伏率0.0%，倒折率0.0%，倒伏倒折率之和为0.0%，倒伏倒折率之和≥12%的试点比例为0.0%。

栽培技术要点：

1.适时早播，提高播种质量，一次性播种全苗。

2.种植密度：3300～3800株/亩。可采用单行单株或双行单株种植。

3.及时间苗定苗，早施攻苗肥：在幼苗3叶前做好查苗补苗。3～4叶时间苗，防止苗挤苗。5～6叶时定苗，拔除病苗、杂苗和弱苗，留生长一致的壮苗。定苗时结合中耕松土施攻苗肥，一般每亩施腐熟粪水1500～2000千克，或尿素4～5千克，复合肥10～12千克。

4.重施攻苞肥：在抽雄前8～10天，有10～11片叶展开时重施攻苞肥，促进雌穗幼穗分化和发育，争取穗大粒多，籽粒饱满。亩施尿素15～20千克，施肥后进行大培土，提高玉米抗倒能力。

5.科学排灌：在玉米各生育期要根据天情地情苗情来科学排灌。玉米抽雄前10天至以后20天，是需水临界期，对水分反应最敏感，如果遇到干旱，会造成严重产量降低，因此必须注意灌水抗旱保丰收。

6.注意防治病虫害：注意玉米螟、草地贪夜蛾、纹枯病、大小斑病、锈病等病虫害防治。

审定意见：经审核，该品种丰产性、稳产性、抗性、品质等符合广西高产稳产和适宜机械化收获果穗玉米品种审定标准，通过审定，可在广西全区种植。

**二、环境条件**

生产基地宜选择经绿色农业环境监测部门检测、生态环境良好，地势平坦、土层深厚、有机质含量丰富、灌排便利、科学种田水平较高的产区，其环境质量符合绿色农业产地环境质量要求。

## 三、播种技术

### （一）玉米播种方法

北方玉米种植方式有垄作和平作。东北温度低，多采用垄作，以提高地温；华北雨量较少，且分布不均，多采用平作以利保墒。玉米的播种方法分为条播、点播和穴播。整地质量较好的耕地多采用条播，使用机播或犁播的地块也用条播，条播工作效率高，进度快，也提高了播种质量。没有机播条件的地区或者山地丘陵旱地多采用点播和穴播，利用人工点种，有节省种子、用肥集中、播种质量高的优点，但是比较费工。条播主要是使用机械进行播种，效率较高，比较适合玉米的大面积种植，随着种植技术的不断发展，我国的多数地区都采用条播方式。

### （二）玉米播种数量

在播种时，播种量由于品种、成活率、大小、种植方式、种植密度之间的差异而有所不同，就条播来讲，一般为每公顷五十千克左右，点播在用量上可以减少，一般为每公顷四十千克左右，在实际播种时，量不宜过大，如果种子在播种时量过大，会造成浪费，也会在定苗、压苗期间产生较多问题，右面在生长时，还会出现争光、争水以及争肥问题。

### （三）种子处理

在对种子进行处理时，应该采用药剂闷种的方式，这种方式的运用主要是为了预防苗期害虫和地下害虫，在具体实施时，可以使用浓度百分之五十的辛硫磷乳油 1 千克，兑上 40 千克的水，使用四百千克的种植进行闷种。

### （四）适时播种，合理控制密度

在播种时，要严格考量生产条件、土壤肥力、气候条件、管理水平、产量水平、品种特性、种植方式等，做到具体情况具体分析，在种植时，尽量合理密植，使玉米的粒重、有效穗数以及穗粒数之间相互协调，促进其群体优势的发挥。在对玉米进行播种时，其播种质量是影响苗齐、苗全和苗壮的重要因素。因此在实际播种时，应尽量保证块地使用的种子在大小上基本一致，运用划线播种方式，使植株的行间距保持一致，同时也要使打塘在厚度上保持一致。就播种深度来讲，需要根据土壤质地决定，多数情况下是四厘米到五厘米，如果土壤含水量比较高或者是粘重，应该尽量采用浅播方式

**四、田间管理**

（一）苗期（出苗—拔节）管理

玉米苗期管理的关键是适当控制茎叶生长，即控上促下，使其根多，茎扁，叶色深绿，叶片宽厚，粗壮墩实，个体健壮，壮而不旺，群体整齐。具体措施主要有：

1.查苗补种，保证全苗。玉米出苗后，要及时检查出苗情况，发现缺苗断垄要及时补种。三叶期前缺苗，用饱满种子浸种催芽后浇水补种。另外，缺苗处也可在附近留双株补救。

2.早间苗，适时定苗。玉米长到三至四片叶时应及时间苗，去掉弱、白、黄、病、劣、杂苗。到五至六片叶时，按计划株距密度留苗，剩下的苗全部拔掉。

3.及时追肥。玉米苗期追肥应在五叶展开时施用，即在四至六叶期施用，特别是套种的玉米和接茬播的夏玉米，追肥应遵循苗肥轻、穗肥重和粒肥补的原则。

4.适时中耕或者化学除草。苗期中耕一般进行二至三次。第一次在定苗时进行，中耕深度掌握“苗旁浅，中间深”的原则，这样既可清除杂草，又不至于压苗，深耕一般为 3~5 厘米。第二、三次在拔节前进行，耕深一般以 10 厘米左右为宜，虽会切断部分细根，但可促进新根发生。墒情好时，于玉米播后苗前用 40%乙阿合剂每亩 200~250 毫升进行土壤封闭，做到不漏喷、不重喷、后退走。土壤干旱时，于杂草 3 叶期前，玉米 3~5 叶期，亩用玉农乐 100 毫升等叶面除草。玉米 6 叶后可用 20%百草枯 125 毫升 / 亩定向喷雾。

5.适期蹲苗促壮。蹲苗促壮一般采取的方法是：控制肥水，深中耕，扒土晒根等。玉米蹲苗应遵循蹲黑不蹲黄，蹲肥不蹲瘦，蹲湿不蹲干的原则。也就是说蹲叶片深绿、地肥及墒情足的

壮苗，反之就不蹲。蹲苗一般在夏播和套种玉米 20 天左右进行，时间过短无效果，时间过长容易形成小老苗，影响后期生长。蹲苗结束，应立即追肥、灌水，以促进生长。

6.早防治病虫。当玉米百株有粘虫 15 条以上，蓟马危害叶率达 10%以上时，用内吸性杀虫剂防治苗期害虫 1~2 次，同时注意防治地下害虫。据专家推测：今年有可能二点委夜蛾继续爆发，技术部门和群众要加强监测，做好预防准备，防治方法是：①早灭茬，破坏害虫生存空间。②出苗前，随浇水灌入 48%毒死蜱乳油 1 千克 / 亩。③出苗后，撒施 50%辛硫磷毒土。用 1.8%阿维菌素 1500 倍液 +5%高效氯氰菊脂 1500 倍液，或 48%毒死蜱乳油 1000 倍液喷雾。

（二）孕穗期（拔节—抽雄）管理

在壮苗基础上加强肥水管理，促进营养生长和生殖生长和谐并进，控制株高，预防倒伏，实现穗足、穗大目标。

1.控高防倒措施。玉米可见叶 9~12 片时，亩用 15%多效唑 50~75 克，兑水 50~60 千克，或玉米专用化控产品“金得乐”30 毫升，兑水 15~20 千克茎叶喷洒，可起到促根、壮秆、控高、抗倒、增产的作用。注意喷洒均匀、不重、不漏。

2.拔除弱株。玉米定苗后到抽雄前，结合田间管理及时拔除弱株，创造合理空间，降低田间空株率，以提高整齐度。

3.科学施肥。按叶龄指标分期施肥，改单一施肥为氮、磷、钾、微测土配方施肥，提高肥料利用率。一般播后 25 天，5~7 片展开叶时，亩施碳酸氢铵 40~50 千克（或尿素 15 千克），过磷酸钙 50 千克，硫酸锌 1 千克，或玉米配方肥 25~35 千克；播后 45 天，11~13 片展开叶时，亩施碳酸氢铵 40~60 千克（或尿素 20~25 千克），注意深施 10 厘米以上。

4.按玉米需水规律，结合施肥浇好拔节及抽雄水，注意施肥后 3 天方可浇水，以防肥水下渗。或先浇水后施肥。

5.防治玉米螟。玉米大喇叭口期有虫株率达 5%以上时，每亩用 2.5%辛硫磷颗粒剂 2.5~3 千克丢心防治玉米螟。注意鲜食玉米要使用高效低毒低残留农药。

（三）花粒期（抽雄—成熟）管理

合理灌水、补肥，为植株创造良好生长环境，达到养根护叶，促粒多、粒重目的。

1. 追施粒肥。在抽雄至开花期，高产田追施氮肥总量的20%，亩追尿素9千克。

2.防旱排涝。抽雄后应保持地面湿润状态，注意因墒制宜适时浇水，促根保根保叶增粒重。如田间积水应及时排涝。

3.虫害防治。此期主要有玉米螟、粘虫、棉铃虫、蚜虫等危害，可用2.5%的敌杀死1000倍液或50%辛硫磷1500倍液防治。

4.去雄剪雄。在雄穗刚抽出而尚未开花散粉时，每隔1行去掉1行雄穗，以节省养分、水分，降低株高，减少虫害，改善光照，应注意靠地头，地边不要去雄，以免影响授粉。授粉以后，可将雄穗全部剪掉，增加群体光照。

## 五、收获与储藏

### （一）收获期确定

玉米籽粒生理成熟的主要标志有两个：一是籽粒基部黑色层形成，二是籽粒乳线消失。玉米籽粒黑色层形成受水分影响极大，不管是否正常成熟，籽粒水分降低到32%时都能形成黑色层，所以黑色层形成并不完全是玉米正常成熟的可靠标志，生产常将其作为适期收获的重要参考指标。玉米籽粒乳线的形成、下移、消失是一个连续的过程。生育期100天左右的品种授粉26天前后，籽粒顶部淀粉沉积、失水，成为固体，形成了籽粒顶部为固体、中下部为乳液的固液界面，这个界面就是乳线，此时称为乳线形成期，至授粉后40天左右下移至籽粒中部，此期称为乳线中期。当籽粒含水量下降到40%左右时，粒重达最大值的90%左右，乳线上方坚硬，下方较硬，有弹性，此时为蜡熟期。授粉后50天左右乳线消失，籽粒含水量30%左右，此时籽粒干重最大，有的品种出现明显黑色层，苞叶变白而松散。也就是说玉米果穗下部籽粒乳线消失，籽粒含水量30%左右，果穗苞叶变白而松散时收获粒重最高，玉米的产量最高，可以作为玉米适期收获的主要标志。

（二）玉米的收获方法

玉米的收获方法主要分为人工收获和机械收获两种方式。首先就人工收获而言，需要根据玉米的面积和人工劳动力等情况，合理安排收获时间，一般建议适时晚收。可在“酷霜”后 1~2 天把玉米割倒收获，并集中放成“铺子”进行后熟，利于降水分和增加粒重，也有利于提高玉米产量及质量。 然后就是机械收获。机械收获前首先要检查农机器具以及相关驾驶员培训工作，确保人、机都能达到标准作业状态，以此来降低收获的损失率。一般机械收获多采用机收脱粒储存的方法，这种方法需要注意的是要在籽粒含水量小于 25%时收获，收获直接脱粒。

（三）安全储存方法

遵循因地制宜、经济、安全、有效的原则，采用楼子、栈子、条垛等方式储存，要做好防霉、防鼠、防畜禽等措施，降低储藏损失，确保玉米保管安全。

1. 入仓前准备工作

（1）严把玉米入库质量关。确保入库玉米质量符合国家规定标准，是实现玉米安全储藏的首要条件，要严格做好玉米采购、运输等环节的质量检测和监控把关工作，拒绝接收超标玉米。虽然中央储备粮直属库对跨省移库玉米不作质量要求，但为安全管理起见，建议在入库中对玉米进行质量跟踪检测。

（2）严格检测水分。入仓玉米水分最好控制在本地区玉米安全储藏水分以内，最高不要超过 14.0%，入仓玉米要做到“五分开”，特别是不同水分的玉米要严格做到分开堆放，避免由于水分再分配而造成安全隐患；水分过高及水湿玉米要凉晒或烘干处理后再入仓。

（3）做好清理杂质。杂质含量原则上要控制在 1%以下，对破碎率过高、杂质过大的，要采取过筛处理后方可入仓。

（4）做好仓房准备。高大平房仓要铺设地上笼；使用化学药剂进行空仓消毒和防护；仓角（地面与墙壁交接处）可放置包装稻壳或油毡等材料进行防潮处理；墙角部位可放置竹笼、道或地上笼等提高墙角部位的通风性能。

（5）优化入仓流程。由于粮食输送机械（如吸粮机、埋刮板机）是造成粮食破碎的主要原因之一，因此散装玉米入仓时要优化粮食入仓流程，尽可能不使用（或少使用）吸粮机、埋刮板机等机械，以减少玉米的破碎。

2.入仓后管理

（1）平整粮面，检测粮情。粮食入仓后要及时平整粮面，分区、分层定点取样，检测粮食水分、虫害情况和各项品质指标，做好基础粮情的记录，水分较高以及破碎粒、杂质聚集的地方，要尽可能增加温度检测点，增加温度检测频率，确保异常粮情及时发现、及时处理。

（2）均衡粮温，密闭粮堆。广东玉米入库一般在高温高湿的春季，北方来粮温度较低，做好均衡粮温和密闭粮堆工作非常重要。玉米入仓后最高点粮温若低于20℃或温差不大，可立即使用麻袋或稻壳等压盖粮面，并使用薄膜密封粮堆。最高点粮温若高于20℃或温差过大，可使用谷冷机或选择合适的时机进行通风，以降低、均衡粮温，然后压盖粮面并使用薄膜密封粮堆。

（3）密闭仓房，控制湿度。玉米在春季入仓后，要使用薄膜将门窗、通风口等设施密闭，并可在仓房内、粮堆中以及通风地槽、地上笼中放置生石灰以降低空气湿度。

（4）做好仓房隔热保温措施。仓房门、窗以及通风口可使用聚苯乙烯泡沫板进行隔热保温处理，仓底通风口也可以使用稻壳进行隔热保温处理，降低外界温度对仓温、粮温的影响。最好使用薄膜压盖密闭粮面，采用膜下投药方式，以确保 气密性，更有效地抑制微生物和霉菌的生长。

**六、废弃物的循环利用**

目前农作物秸秆综合利用主要有5种途径：一是作为农用肥料；二是作为饲料；三是作为农村新型能源；四是作为工业原

料；五是作为基料。作为肥料，

秸秆还田是补充和平衡土壤养分，改良土壤的有效方法，是高产田建设的基本措施之一，秸秆还田后，平均每亩增产幅度在10%以上。秸秆还田最大的问题在于难以将秸秆犁耕到土壤中。即使秸秆被成功地犁耕到土壤中，在犁沟中的秸秆股形成过程中也可能引发问题，即不能以足够速度进行分解，而在下一次耕作时露出地表。此外，犁沟中的秸秆股也将会阻碍作物的根系向土壤深层生长。

作为饲料，玉米秸秆富含纤维素、木质素、半纤维素等非淀粉类大分子物质。作为粗饲料营养价值低，必须对其进行加工处理。处理方法有物理法、化学法和微生物发酵法。经过物理法和化学法处理的秸秆，其适口性和营养价值都大大改善。

## 第三节　马铃薯绿色种植技术

### 一、品种选用

（一）品种特点

根据用途（鲜食、加工），选择适应当地种植的高产、优质、抗病虫、抗逆、适应性广、商品性好的脱毒马铃薯品种。

（二）种薯质量

生产绿色食品商品薯的合格种薯，质量应达到国家马铃薯脱毒种薯质量标准中的一级种薯要求。种薯宜选用幼龄薯、壮龄薯，不可选用老龄薯、龟裂薯、畸形薯。病毒病植株0.5%，黑胫病和青枯病植株≤1.0%，疮痂病、黑痣病和晚疫病≤10.0%，无环腐病。

### 二、环境条件

（一）基地条件

基地应选择远离工业区，生态环境良好，无或不直接受工业“三废”及农业、城镇生活、医疗废弃物污染，远离公路、车站、码头等交通要道，无与土壤、水源有关的地方病的农业生产领域。产地环境质量符合绿色食品产地环境质量标准。

（二）气候条件

马铃薯喜凉、喜光，怕热、不耐高温和霜冻。块茎形成和膨大的适宜温度为 17~18℃，30℃时块茎膨大基本停止。白天温暖，夜间冷凉，昼夜温差大的地区，最适合马铃薯栽培。

（三）土壤条件

要求土层深厚，耕层疏松，通气良好，土壤有机质含量较高，pH 值在 7.0~7.5，具有一定肥力，保水保肥性适中的沙壤土或轻沙壤土。

（四）前后茬

选择小麦、玉米、大豆等为前茬。忌连作，忌 3 年以内重茬。前后茬作物的耕作管理应按绿色生产标准执行。

**三、播种技术**

（一）整地

深耕改土，土层深达 40 厘米 左右，耕作深度 20~30 厘米，精细整地，均匀起畦种植。搞好节水灌溉的田间排灌沟，避免和减轻旱涝对马铃薯的影响。

（二）施肥

1.施用原则。马铃薯生育期短，施肥应掌握“基肥为主、追肥为辅，有机肥为主、无机肥为辅”的原则

2.施肥量。基肥用量占总用肥量的 80%以上。结合整地每亩施 1500 千克左右的有机肥（堆肥）。播种时，株间每亩配施 10 千克尿素、15 千克磷酸二铵、5 千克硫酸钾或等同纯氮、磷、钾含量的专用肥或复合肥（忌用氯化钾）。

3.追肥。在初花期结合中耕，追一次尿素。或在初花期盛花期分别追施尿素。尿素用量 8~10 千克 / 亩。

（三）播种

1.种薯处理。催芽：播前 15~30 天将冷藏或经物理、化学方法人工解除休眠的种薯，放入室内近阳光处或室外背风向阳处平

铺 2~3 层，温度 15~20℃，夜间注意防寒，3~5 天翻动一次，均匀见光壮芽。在催芽过程中淘汰病、烂薯和纤细芽薯，催芽时要避免阳光直射、雨淋和霜冻等。

切块：播种时温度较高、湿度较大的地区，不宜切块。必要时，在播前 4~7 天，选择健康的、生理年龄适当的较大种薯切块机械播种可切大块，每块重 35~45 克。人工播种可切小块，每块重 30~35 克。每个切块带 1~2 个芽眼。切刀每使用 10 分钟后或在切到病、烂薯时，用 5%的高锰酸钾溶液或 75%酒精浸泡 1~2 分钟或擦洗消毒。切块后立即用含有多菌灵（约为种薯重量的 0.3%）或甲霜灵（约为种薯重量的 0.1%）的不含盐碱的植物草木灰或石膏粉拌种，并进行摊晾，使伤口愈合，勿堆积过厚，以防烂种。

2.播种期。根据各地气候规律、品种特性和市场需求选择适宜的播期。播种过早，常因低温影响，造成缺苗严重；播种过迟，又耽误马铃薯后者的生产承节。以土壤 5~10 厘米深度稳定在 10℃以上时播种比较适宜。

3.播种方式。采用机播种人工播种。地温低而含水量高的土壤宜浅播，播种深度约 5em；地温高面干燥的土壤宣深播，播种深度约 10em。播种后及时镇压，防止跑墒。降水量少的干旱地区宜平作，降水量较多或有灌溉条件的地区宜垄作。播种季节地温较低或气候干燥时，宜采用地膜覆盖。

4.密度。根据品种和栽培条件确定不同的播种密度。早熟品种及高肥力的地块适当密植，4000~4700 株 / 亩；晚熟品种及肥力较低的地块适当稀植，3500~4000 株 / 亩。

**四、田间管理**

（一）补苗

幼苗出齐后进行查田补种，做到全苗。

（二）中耕除草

马铃薯幼芽顶土时进行一次深中耕、除草，浅培土。苗出齐后少培土，以提高地温。发棵期中耕培土，做到垄沟窄，垄顶宽，利于块茎膨大。

（三）浇水

根据马铃薯整个生育期的需水规律，按照节水灌溉原则适时浇灌。在整个生长期土壤含水量保持在60%~80%。出苗前不宜灌溉，块茎形成期及时适量浇水，块茎膨大期不能缺水。浇水时忌大水漫灌。在雨水较多的地区或季节，及时排水，田间不能有积水。收获前7~10天视气象情况停止灌水。

（四）病虫草害防治

1.防治原则。搞好病虫测报预报，坚持“预防为主、综合防治”方针、依照有害生物综合治理（IPM）原则。采用抗（耐）病品种和无病种子为主，以合理布局、倒茬轮作、不重迎茬、深翻土地、优化管理、清除田间病株等栽培措施为重点，生物防治、生态防治、物理防治、化学防治相结合的综合防治措施。将病虫危害损失控制在经济阈值以下。

2.生物防治。充分利用植物源药剂印楝素、苦参碱、烟碱等防治地老虎、蚜虫、草地螟；保护天敌，创造有利于天敌生存的环境，释放利用天敌，如捕食螨、寄生蜂、瓢虫、草蛉、七星瓢虫等控制蚜虫、地老虎、草地螟等害虫；推荐使用阿维菌素、浏阳霉素、武夷霉素、苏云金杆菌、嘧啶核苷类抗菌素、核型多角体病毒、白僵菌、多抗霉素等生物药剂防治地老虎、金针虫、蛴螬、蚜虫、草地螟，选择对天敌杀伤力低的农药。

3.物理防治。根据害虫生物学特性，采取糖醋液，黑光灯或汞灯等方法诱杀蚜虫、地老虎、蛴螬、草地螟等害虫的成虫。

4.药剂防治。播种时，可施用辛硫磷颗粒剂4~5千克/亩，防治金针虫、蛴螬等地下害虫。在初花期用58%甲霜·锰锌可湿性粉剂500倍液、77%氢氧化铜可湿性粉剂350~500倍液防治马铃薯晚疫病。

化学灭草在播后5~10d（未出苗前）进行土壤处理，防除苗期杂草可用10%乙草胺乳油80~100克/亩加70%嗪草酮可湿性粉剂525~600克/亩或33%二甲戊灵乳油250毫升/亩，兑水30

千克喷施。

## 五、收获与储藏

### （一）收获时间

根据生长情况与市场需求及时采收。采收前若植株未自然枯死，可提前 7~10 天杀秧。早熟品种 8 月下旬，中晚熟品种 9 月中旬起收。

### （二）收获方法

人工收获，收获过程中，要去杂去劣，晾晒后剔除病烂薯。收获后，块茎避免暴晒、雨淋、霜冻，田间堆放盖土保存，防止长时间暴露在阳光下而变绿成青薯。做到单收获、单拉运、单堆放、单清选，确保绿色产品与普通产品不混杂。

### （三）储藏要点

储藏仓库要先消毒，除虫、灭鼠，以品种分类，挂牌储藏。不允许与其他物品混存。新收获的马铃薯（薯类）应置于阴凉通风的场所摊晾，表皮干燥后剔除病烂薯及破伤薯，入窖要细心，尽量避免机械损伤。进窖（库）储藏，窖储量不得超过窖容量的 2/3。储藏温度应以 2~4℃为宜，相对湿度不低于 80%，提倡将储窖由直筒式改为马道式，防止薯块生芽，霉烂或受冻。

## 六、废弃物的循环利用

### （一）秸秆直接覆盖还田

主要通过覆盖免耕还田或机械粉碎还田，提高土壤肥力，改善土壤耕性。

### （二）过腹还田

主要通过青贮，饲养牲畜，过腹排粪还田。

### （三）加工成易消化的饲料

通过秸秆饲料技术，加工成易消化的饲料。

### （四）秸秆直燃供热技术

主要通过燃烧，直接供热，可为农村及乡镇居民提供生产、生活热水和用于冬季采暖。

# 第三篇　生态养殖篇

## 第五章　生态养殖概述

### 第一节　生态养殖的概念

生态养殖简称ECO，ECO是Eco-breeding的缩写，指根据不同养殖生物间的共生互补原理，利用自然界物质循环系统，在一定的养殖空间和区域内，通过相应的技术和管理措施，使不同生物在同一环境中共同生长，实现保持生态平衡、提高养殖效益的一种养殖方式。

这一定义，强调了生态养殖的基础是根据不同养殖生物间的共生互补原理；条件是利用自然界物质循环系统；结果是通过相应的技术和管理措施，使不同生物在一定的养殖空间和区域内共同生长，实现保持生态平衡、提高养殖效益。其中“共生互补原理”、“自然界物质循环系统”、“保持生态平衡”等几个关键词，明确了“生态养殖”的几个限制性因子，区分了“生态养殖”与“人工养殖”之间的根本不同点。

生态养殖是利用无污染的水域如湖泊、水库、江河及天然饵料，或者运用生态技术措施，改善养殖水质和生态环境，按照特定的养殖模式进行增殖、养殖，投放无公害饲料，也不施肥、洒药，目标是生产出无公害绿色食品和有机食品。生态养殖的畜禽产品因其品质高、口感好而备受消费者欢迎，产品供不应求。

生态养殖的目的是采用集约化、工厂化养殖方式可以充分利用养殖空间，在较短的时间内饲养出栏大量的畜禽，以满足市场对畜禽产品的量的需求，从而获得较高的经济效益。但由于这些畜禽是生活在人造的环境中，采食添加有促生长素在内的配合饲料，因此，尽管生长快，产量高，但其产品品质、口感均较差。而农村一家一户少量饲养的不喂全价配合饲料的散养畜禽，因为是在自然的生态环境下自然地生长，生长慢，产量底，因而其经济效益也相对较低，但其产品品质与口感均优于集约化、工厂化养殖方式饲养出来的畜禽。随着人们生活水平的不断提高，用集约化、工厂化养殖方式生产出来的产品品质、口感均较差的畜禽产品已不能满足广大消费者日益增长的消费需求。

## 第二节　发展生态养殖的重要意义

绿色环保养殖是一种污染低、环保程度高的经济技术模式。在养殖生产过程中，环保养殖、节能减排、生态循环、安全生产一直以来受到各级政府、有关部门、科技工作者和生产者所共同关注。因此，该技术已成为当前国内畜牧业循环经济发展的潮流。绿色环保养殖模式，是现代畜牧业的主要特征和必然要求，是推进养殖与人及自然环境的友好发展，是加快发展环保生态农业的重要途径。通过绿色环保生态养殖模式的建立，形成了“绿色、环保、生态”的养殖新理念，达到了“健康、安全优质”的畜禽产品供给。加快养殖业的转型升级，提高整个养殖业的社会经济生态效益。

## 一、保证养殖户的经济收益

对于一个地方而言，养殖业对促进农民持续增收有着重要影响，养殖业是农村家庭收入的重要渠道，特别是在山区、半山区还是农民增收的主要渠道。推进绿色环保生态养殖，对于促进农民增收致富，不断提高养殖业的经济效益，均有着重要影响。

## 二、确保饮食安全

近些年，我国老百姓的饮食结构从谷物向畜产品转变，这是生活水平提高的一项重要标志，也是提高全民族身体素质的客观需要。猪肉产品是优质蛋白质的主要来源，是日常生活中必不可少的食物。因此，要通过多种渠道和多种方式，加快发展绿色环保生态健康养殖业，为老百姓提供更加安全的食品，确保人民群众的生活质量不断改善提高。

## 三、促进生态平衡

我国部分地区资源紧张，环境容量有限，如果养殖数量超过环境承载能力，加之随意丢弃养殖废弃物，会使环境遭到严重的破坏，只有推进绿色环保生态养殖，才能更加有效地缓解土地资源和环境容量约束，减少畜禽养殖面源污染，构建资源节约型、环境友好型的养殖生产体系。

## 四、群众身体健康

畜禽产品安全不仅关系到群众对畜牧业的看法和信任，也关系到相关政府部门和监管部门的形象和公信力。只有畜禽产品安全可靠，才能让广大人民群众树立信心，保证产品的绝对安全。通过绿色环保的生态养殖模式，能够生产出更优质、更安全的畜禽产品，保证消费者购买和食用的产品不会威胁人类的健康。

## 五、促进畜牧业发展

养殖业是我国农业发展中的主要产业，对加快推进农业现代化有着重要影响。发达的畜牧业是现代农业的重要标志，世界发达国家畜牧业产值占农业的比重普遍超过 50%，甚至达到 80%以上。而浙江省仅为 21%、温州市仅为 19%。当前南方沿海地区的畜牧业还是以养殖为主，养殖业的产值占畜牧业总产值的 60%以上。推进绿色环保生态养殖，对于提高规模养殖现代化装备和整体生产水平都有着重要的引领意义。我们必须把握现代养殖业的发展趋势，努力提升养殖业的发展水平，不断促进农业结构的战略性调整，带动种植业和相关产业的发展，加快推进农业现代化建设进程。

## 第三节　生态养殖模式与途径

### 一、模式

所谓生态养殖，是指运用生态学原理，保护水域生物多样性与稳定性，合理利用多种资源，以取得最佳的生态效益和经济效益。生态养殖是在我国农村大力提倡的一种生产模式，其最大的特点就是在有限的空间范围内，人为地将不同种的动物群体以饲料为纽带串联起来，形成一个循环链，目的是最大限度地利用资源，减少浪费，降低成本。

利用无污染的水域如湖泊、水库、江河及天然饵料，或者运用生态技术措施，改善养殖水质和生态环境，按照特定的养殖模式进行增殖、养殖，投放无公害饲料，也不施肥、洒药，目标是生产出无公害绿色食品和有机食品。

相对于集约化、工厂化养殖方式来说，生态养殖是让畜禽在自然生态环境中按照自身原有的生长发育规律自然地生长，而不是人为地制造生长环境和用促生长剂让其违反自身原有的生长发育规律快速生长。如农村一家一户少量饲养的不喂全价配合饲料的散养畜禽，即为生态养殖。

随着人们生活水平的不断提高，用集约化、工厂化养殖方式生产出来的产品，品质、口感均较差的畜禽产品已不能满足广大消费者日益增长的消费需求，而农村一家一户少量饲养的不喂全价配合饲料的散养生态畜禽因其产量低、数量少也满足不了消费者的对生态畜禽产品的消费需求，因而现代生态养殖应运而生。

现代生态养殖是有别于农村一家一户散养和集约化、工厂化养殖的一种养殖方式，是介于散养和集约化养殖之间的一种规模养殖方式，它既有散养的特点——畜禽产品品质高、口感好，也有集约化养殖的特点——饲养量大、生长相对较快、经济效益高。但如何搞好现代生态养殖，却没有一个统一的标准与固定的模式。要想搞好生态养殖，必须注意以下几点：

（一）选择合适自然生态环境

合适的自然生态环境是进行现代生态养殖的基础，没有合适的自然生态环境，生态养殖也就无从谈起。发展生态养殖必须根据所饲养畜禽的天性选择适合畜禽生长的无污染的自然生态环境，有比较大的天然的活动场所，让畜禽自由活动、自由采食、自由饮水，让畜禽自然的生长。如一些地方采取的林地养殖等就是很好的生态养殖模式。

（二）使用配合饲料

使用配合饲料是进行现代生态养殖与农村一家一户散养的根本区别。如仅是在合适的自然生态环境中散养而不使用配合饲料，则畜禽的生长速度必然很慢，其经济效益也就很低，这不仅影响饲养者的积极性，而且也不能满足消费者的消费需求，因此，进行现代生态养殖仍然要使用配合饲料。但所使用的配合饲料中不能添加促生长剂与动物性饲料，因为添加促生长剂虽然可加快畜禽的生长速度，但其在畜禽产品中的残留却降低了畜禽产品的品质，也降低了畜禽产品的口感，满足不了消费者的消费需求。配合饲料中添加动物性饲料同样影响畜禽产品的品质和口感，因此，进行现代生态养殖所用的配合饲料中不能添加促生长剂与动物性饲料。

（三）注意收集畜禽粪便

生态养殖的畜禽大部分时间是处在散养自由活动状态，随时随地都有可能排出粪便，这些粪便如不能及时清理，则不可避免地会造成环境污染，也容易造成疫病传播，进而影响饲养者的经济效益和人们的身体健康。因此，应及时清理畜禽粪便，减少环境污染，保证环境卫生。

（四）多喂青绿饲料

给畜禽多喂一些青绿饲料不仅可以给畜禽提供必需的营养，而且可提高畜禽机体免疫力，促进畜禽身体健康。饲养者可在畜禽活动场地种植一些耐践踏的青饲料供畜禽活动时自由采食，但仅靠活动场地种植的青饲料还不能满足生态养殖畜禽的需要，必须另外供给。另外供给的青饲料最好现采现喂，不可长时间堆放，以防堆积过久产生亚硝酸盐，导致畜禽亚硝酸盐中毒。青饲料采回后，要用清水洗净泥沙，切短饲喂。如果畜禽长期吃含泥沙的青饲料，可能引发胃肠炎。不要去刚喷过农药的菜地、草地采食青菜或牧草，以防畜禽农药中毒。一般喷过农药后须经 15 天后方可采集。饲喂青绿饲料要多样化，这样不但可增加适口性，提高畜禽的采食量，而且能提供丰富的植物蛋白和多种维生素。在冬季没有青饲料时，要多喂一些青干草粉以提高畜禽产品品质和口感。

（五）做好防疫工作

生态养殖的畜禽大部分时间是在舍外活动场地自由活动，相对于工厂化养殖方式更容易感染外界细菌病毒而发生疫病，因此，做好防疫工作就显得尤为重要。防疫应根据当地疫情情况制定正确的免疫程序，防止免疫失败。

为避免因药物残留而降低畜禽产品品质，饲养者要尽量少用或不用抗生素预防疾病，可选用中草药预防，有些中草药农村随处可见，如用马齿苋、玉米芯碳等可防治拉稀，五点草可增强机免疫力。这样不仅可提高畜禽产品质量，而且降低饲养成本。

**二、途径**

（一）立体养殖模式

立体养殖能够促进农业的生态化发展，实现挖潜降耗、降低污染的目的，有利于保护生态环境。如：“鸡—猪—蝇蛆—鸡、猪”模式，即是以鸡粪喂猪，猪粪养蝇蛆后肥田，蝇蛆制粉，含蛋白质高达 63%，用来喂鸡或猪，饲养效果与豆饼相同，更重要的是，蝇蛆含有甲壳素和抗菌肽，可以大幅度提高猪、鸡的抗病力。这种模式，既节省了饲料粮和日常药物投入，又使鸡粪作了无害化处理，经济效益和环境效益均十分明显。与此相似的还有“鸡—鱼、藕”模式：架上养鸡，架下鱼池，池中养鱼、植藕；“水禽—水产—水生饲料”模式：坝内水上养鹅鸭，水下养鱼虾，水中养浮萍，同时，坝上还可养猪鸡；还有“猪—沼—果（林、草、菜、渔）”等模式，都是非常好的立体养殖模式。

（二）充分利用自然资源

家禽过了人工给温期，就可以逐步将仔禽放养到果园、山林、草地或高秆作物地里，让牛、羊、驴、鸡、等牲畜自由采食青草、野菜、草籽、昆虫。这种放归自然的饲养方式，好处甚多：首先是减少了饲喂量，可以节省大量粮食；其次是能有效清除大田害虫和杂草，达到生物除害的功效，减少人们的劳动强度和大田的药物性投入；三是能增强家禽机体的抵抗力、激活免疫调节机制，家禽得病少，节约预防性用药的资金投入；四是能大幅度提高禽肉、禽蛋的品质，生产出特别受人欢迎的绿色产品。有条件的地方，都可以利用滩涂、荒山等自然资源，建设生态养殖场所，以便生产出无污染、纯天然或接近天然的绿色产品，同时还能从本质上提高动物的抗病能力，减少预防性药物的投入。

（三）积极使用活菌制剂

活菌制剂也叫微生态制剂，其中的有益菌在动物肠道内大量繁殖，使病原菌受到抑制而难以生存，产生一些多肽类抗菌物质和多种营养物质，如 B 族维生素、维生素 K、类胡萝卜素、氨基酸、促生长因子等，抑制或杀死病原菌，促进动物的生长发育。更有积极意义的是，有益菌在肠道内还可产生多种消化酶，从而可以降低粪便中吲哚、硫化氢等有害气体的浓度，使氨浓度降低70%以上，起到生物除臭的作用，对于改善养殖环境十分有利。使用活菌制剂有“三好”优点，即：安全性好，稳定性好，经济性好，可以彻底消除使用抗菌药物带来的副作用，是发展生态养殖的重要途径。

研究制成的动物微生态制剂，主要包括益生菌原液、益生元、合生元三类，可供选用的制剂主要有霹力牧25、第四代益生素、牛羊康肽、保禽肽、猪康肽、禽瘟康、EM、益生素、促菌生、调痢生、制菌灵、止痢灵、抗痢灵、抗痢宝、乳酶生等，可广泛用于畜禽养殖。

**三、案例**

鱼塘养鸭，鱼鸭结合（即水下养鱼、水面养鸭）是推广的一种生态养殖模式，它主要有以下好处：1.鱼塘养鸭可为鱼增氧。鱼类生长需要足够的氧气。鸭子好动，在水面不断浮游、梳洗、嬉戏，一方面能将空气直接压入水中，另一方面也可将上层饱和溶氧水搅入中下层，有利于改善鱼塘中、下层水中溶氧状况。这样，即可省去用活水或安装增氧机的投入。

2.有利于改善鱼塘内生态系统营养环境。鱼塘由于长期施肥、投饵和池鱼的不断排泄，容易形成塘底沉积物。这些沉积物大都是有机物质，鸭子不断搅动塘水，可促进这些有机物质的分解，加速泥塘中有机碎屑和细菌聚凝物的扩散。为鱼类提供更多的饵料。

3.鸭可以为鱼类提供上等饵料。鸭粪中不仅有大量未被吸收的有机物，而且含有30%以上的粗蛋白，都是鱼类的上等饵料。即使不能为池鱼直接食用的鸭粪，也可被细菌分解，释放出无机盐，成为浮游生物的营养源，促进浮游生物的繁殖，为鲢、鳙提供饵料。

4.有利于鸭寄生虫病的防治。鸭是杂食性家禽，能及时摄食漂浮在鱼塘中的病死鱼和鱼体病灶的脱落物，从而减少病原扩散蔓延，鸭能吞食很多鱼类敌害，如水蜈蚣等；鸭还能清除因清塘不够彻底而生长的青苔、藻类；鱼塘中有鸭群活动，有害水鸟也不敢随意在水面降落；鸭子游泳洗羽毛，使鸭体寄生虫和皮屑脱落于水中，为鱼食用，又减少了鸭本身寄生虫的传染。

无论哪种鱼塘养鸭，都要以鱼为主。鱼鸭结合的方式主要有三种：

1.直接混养。用网片在鱼塘坝内侧或鱼塘一角，围绕一个半圆型鸭棚，作为鸭群的活动场或活动池。鸭棚朝鱼塘的一面，要留有宽敞的棚门，便于鸭子下水活动，也便于清扫鸭棚内和活动场上的粪便入水，一些水面大，鸭子数量多的鱼塘，也可以不加围栏。

2.塘外养鸭。离开塘池，在鱼塘附近建较大的鸭棚，并设活动场和活动池。活动场、池均为水泥面，便于冲刷。活动场的鸭粪和饲料残渣，每天清扫入鱼塘，每天将更换活动池的肥水灌入鱼塘，再灌入新水。

3.架上养鸭。在鱼塘上搭架，设棚养鸭，这种方法多用于小规模生产，效益比较明显。具体方法是：在鱼塘上打桩、搭架、设棚，棚高于水面 1 米左右；棚周围用网片围起，棚底铺竹片或网目 3 厘米 × 3 厘米左右的网片，其间隔以能漏鸭粪而鸭蹼不踩空为宜。采用这种方法，每天要赶鸭群到附近河中放牧一段时间。

# 第六章　生态养殖技术

## 第一节　牛生态养殖技术

### 一、养殖区的选择

（一）生态养殖环境基本要求

生态养殖场区应选择生态环境良好、无污染的地区，远离工矿区、公路铁路干线和生活区，避开污染源。具体要求：一是养殖区应距离公路、铁路、生活区 50 米以上，距离工矿企业 1 千米以上。二是应远离污染源，配备切断有毒有害物进入产地的措施。三是不应受外来污染威胁，产地上风向和灌溉水上游不应有排放有毒有害物质的工矿企业。四是水源应是深井水或水库等清洁水源，不应使用污水或塘水等被污染的地表水。五是具有可持续生产能力，不对环境或周边其他生物产生污染。

（二）生态养殖空气质量要求

利用上一年度产地区域空气质量数据，综合分析产区空气质量。总体要求为：总悬浮颗粒物（毫克 / 立方米），禽舍区（日平均）雏禽和成禽≤8，畜舍区（日平均）（毫克 / 立方米）≤3；二氧化碳(毫克 / 立方米)，禽舍区（日平均）雏禽和成禽≤1500，畜舍区（日平均）（毫克 / 立方米）≤1500；硫化氢（毫克 / 立方米），禽舍区（日平均）雏禽≤2、成禽≤10，畜舍区（日平均）（毫克/立方米）≤8；氨气（毫克/立方米），禽舍区（日平均）雏禽≤10、成禽≤15，畜舍区（日平均）（毫克/立方米）≤20；恶臭（秘释信数，无量纲）（毫克/立方米），禽舍区（日平均）雏禽≤70、成禽≤70，畜舍区（日平均）（毫克/立方米）≤70。

（三）生态养殖用水质量要求

水源应是深井水或水库等清洁水源，生态养殖用水水质要求主要有：色度（度）≤15，并不应呈现其他异色；浑浊度（散射浑浊度单位）NTU ≤3 、不应有异臭和异味、不应含有肉眼可见物、pH 6.5~8.5 、氟化物（毫克/升）≤3、氰化物（毫克/升）≤0.05 、总砷（毫克/升≤0.05)、总汞（毫克/升）≤0.001、总镉(毫克/升）≤0.01、六价铬（毫克/升）≤0.05、总铅（毫克/升）≤0.05。

## 二、品种选择

（一）皮埃蒙特牛

皮埃蒙特牛是欧洲大型高瘦肉型品种，贵州 1998 年引进。

原产地：意大利

外观特征：以其皮薄、骨细、双肌肉型表现明显、后躯肌肉特别丰厚为特征。全身被毛乳白色或浅灰色，尾帚黑色。

身体情况：成年公牛体重 1100 千克，母牛 600 千克。屠宰率 70%，胴体瘦肉率 82%。

（二）安格斯牛

又名阿伯丁—安格斯牛，是欧洲小型、早熟肉牛品种。我国 70 年代引进，但未引起重视。1998 年大批量引入四川和贵州。

原产地：苏格兰北部的阿伯丁及安格斯地区外观特征：全身被毛纯黑、头上无角，故又叫无角黑牛。

身体情况：其具有生长快、耐寒、耐粗饲、牧饲能力强、易肥育、肉质好、肌肉大理石纹理明显等特点。成年公牛体重 800~900 千克，母牛 500~550 千克。周岁牛体重可达 400 千克，日增重 900~1000 千克。屠宰率 60%~65%。

（三）夏洛来牛

夏洛来牛是欧洲大型肉牛品种。贵州 1976 年引进夏洛来牛冻精作杂交组合试验，1998 年引进夏洛来种牛。

原产地：法国

外观特征：全身被毛乳白色或白色。

身体情况：体型大、增重快、全身肌肉发达、屠宰率高、瘦肉多、脂肪少、耐粗饲。成年公牛体重 1100~1200 千克，母牛 700~800 千克。周岁公牛体重可达 378.8 千克，母牛 321.6 千克。11 月龄肥育 4 个月，日增重 1088~1430 克，屠宰率 69%~70%，眼肌面积 100 平方厘米。

（四）西门塔尔牛

西门塔尔牛是大型乳肉兼用品种，1957 年引入我国，以改良本地黄牛。

原产地：瑞士西部的阿尔卑斯山区，分布于德国、法国、奥地利等周边国家。

外观特征：全身被毛黄白花或红白花，头、胸、腹、四肢和尾为白色。

身体情况：体躯粗大、体质结实、耐粗饲、适应性强、肌肉发达、瘦肉多、脂肪少的特点。成年公牛体 1000~1300 千克，母牛 600~700 千克，周岁牛体重可达 400~450 千克，公犊肥育屠宰率 65%，母牛年平均产奶量 4070 千克，乳脂率 3.9%。

（五）利木赞牛

利木赞牛是大型肉牛品种。

原产地：法国

外观特征：全身被毛纯红色

身体情况：体型大，全身肌肉发达，出肉率高，肉质风味好，眼肌面积大，成年公牛体重 950~1100 千克，母牛 700~800 千克。一岁牛体重可达 450~480 千克，平均日增重 1040 克，屠宰率 65%，胴体瘦肉率 80%~85%。

（六）海福特牛

海福特牛是欧洲中型早熟肉牛品种，分有角和无角两种。

原产地：英格兰西部

外观特征：被毛除头、颈垂、鬐甲、腹下、四肢、尾为白色外，全身被毛红色。

身体情况：增重快、早熟、易肥、臀部肌肉丰满、产肉性能好、饲料报酬高等特点。

成年公牛体重 900 千克，母牛 700 千克。公牛 18 月龄体重可达707 千克。屠宰率 65%。

（七）尼里 / 瑞菲水牛

该水牛是河流型乳肉兼用型品种。

原产地：巴基斯坦

外观特征：体型较小，被毛黑色或棕黑色，玻璃眼，额面部、腿、尾帚白色，乳房发达。

身体情况：成年公牛体重 600~700 千克，母牛 450~500 千克，年产奶量 2000~2500 千克。

（八）秦川牛

是我国优良的三大地方黄牛品种之一，大型役肉兼用品种。

原产地：陕西省渭河流域的关中地区

外观特征：体型较高大，骨骼粗壮，体质强健毛色为紫红、红、黄色三种，眼圈和鼻镜为粉红色。角短小，呈肉红色。向外或向后弯。蹄多为紫红色，也有黑色的。

身体情况：公牛头较大，颈短粗。颈下垂皮发达，母牛头比较清秀。成年公牛体高为 141 厘米左右，体重 500 千克左右，成年母个体南为 125 厘米左右、体重 470 千克左右。平均屠宰率和净肉率分别为 58.3%和 50.5%。

（九）南阳牛

是我国优良的三大地方黄牛品种之一

原产地：河南省西南部，既南阳市及周围外观特征：以黄色为主，也有红色和草白色的。面部、腹下、四蹄毛色浅。体格高大，是我国黄牛中最高大的。皮薄毛细。

身体情况：经强度肥育的牛体重达 510 千克，屠宰率 64.5%，净肉率 56.8%。肉质细嫩，颜色鲜红，大理石纹状明显。

（十）晋南牛

是我国优良的三大地方黄牛品种之一，属大型役肉兼用品种。

原产地：山西省南部晋南盆地运城地区。约有多 30 万头。

外观特征：被毛枣红色，体躯高大结实，前躯发达，中躯宽度较好，四肢坚实有力。

身体情况：成年公牛体高 138.6 厘米，体重 607 千克；母牛体高117 厘米，重 339.4 千克。晋南牛产肉性能尚好。月龄时屠宰，中等营养水平饲养的晋南牛的屠宰率和和净肉率分别为 53.6%和 40.3%，经高营养水平育肥者屠宰和率和净肉率分别为 59.2%和 51.2%。育肥的成年阉牛屠宰率和和净肉率分别为 62%和 52.69%。

（十一）郏县红牛

原产地：河南省郏县，现主要分布于宝丰、鲁山个县和毗邻各县以及洛阳地区的部分县境。

外观特征：色泽以红色为主。郏县红牛外貌比较一致，体格中等，体质结实，骨骼粗壮，体躯较长，从侧面看呈长方形，具有役肉兼用体型。垂皮较发达，肩峰稍隆起，尻稍斜，四肢粗壮，蹄圆大结实。角短，以向前上方弯曲和向两侧平伸者居多。

身体情况：成年公牛活重 425 千克。母牛活重 365 千克。郏县红牛具有较好的早熟性，岁时主要体尺即达到成年牛的 90%以上。未经育肥的成年牛屠宰率平均 51.4%，净肉率 40.8%，眼肌面积 69 平方厘米。肉质细嫩，大理石纹明显。

（十二）渤海黑牛

属中型役肉兼用品种。

原产地：山东省惠民地区沿海一带的无棣、沾化、利津、垦利等县。

外观特征：角短而致密、呈黑角。身低，体躯广而长。蹄质坚实。全身被毛、鼻镜、角及蹄皆呈黑色。

身体情况：成年公牛体重 426.3 千克，母牛 298.3 千克，成年公牛体高为 129.6 厘米，母牛为 116.2 厘米。该牛肥育性能良好，经 4 个月育肥至月龄屠宰的公牛，活重达 446.25 千克，屠宰率 58.96%，净肉率 51.12%，肥育性能良好。

（十三）蒙古牛

蒙古牛是一古老品种，广泛分布于我国北方各省区。

原产地：牛产区目前估计有包括牧区、农区和半农半牧区。产区内地势高，冬季严寒多风，夏季炎热干燥，该牛均表现出良好的适应性。

夕卜观特征：一般外貌呈头部粗重，角长，垂皮不发达；胸部扁而较深，尻短而较斜；被毛颜色较杂，多有黑色、黄色和红色以及狸色等。

身体情况：该牛体格大小差异较大，公牛活重平均 301~415 千克，母牛 206~370 千克。中等膘情的成年阉牛，平均屠宰前重 376 千克，屠宰率 53.0%、净肉率 44.6%，眼肌面积 56.0 平方厘米。

（十四）哈萨克牛

原产地：原产于新疆北部、西部牧区。产区内地势起伏大，冬季严寒，夏季炎热而干燥。常年牧饲，不补草料，又无棚圈，使该牛养成良好的耐粗、耐苦和抗逆性能。

外观特征：该牛体躯粗壮，后躯较高，被毛多杂色，黑毛色和黄毛色居多，除此还有红色、褐色和花色毛等。

身体情况：成年公牛体重 369.6 千克，母牛 301.4 千克，每只体格大小差异较大，肉牛平均屠宰率可达 55.0%，且肉质细致，脂肪分布良好，风干味很好。母牛泌乳量较好，平均为 450.2 克良好饲养条件下，泌乳期可达 210 天。

（十五）闽南牛

原产地：福建省南部地区，福州至厦门沿江以上。该牛是当地农民群众按农业生产需要和适应湿润多雨的气候条件，经长期选育而成。

外观特征：闽南牛体质紧凑，结构良好，肌肉比较丰满。毛色以黄色及褐色为主，另有少部分个体为黑色及棕红色。

身体情况：成年公牛体重 327 ± 43 千克，母牛 258 ± 29 千克；公牛体高 116 ± 7 厘米，母牛 112.4+4.6 厘米。月龄阉牛育肥后平均屠宰率 52.9%，净肉率 44.8%，眼肌面积 57 ± 7.1 平方厘米，肉质细嫩，风味鲜美。

（十六）荷斯坦牛（奶牛）

原产地：荷兰及德国北部

毛色：黑白花，个别为红白花

特征：清秀，鼻镜宽，鼻孔太，有角

（十七）娟媚牛（奶牛）

原产地：泽西岛

毛色：变异太，多为淡黄褐色、略深暗

特征：额宽、略呈盘形，有角

（十八）更赛牛（奶牛）

原产地：更赛岛

毛色：淡黄褐色带有白斑，界线分明，鼻镜浅黄色

特征：头长，角向外倾斜，奶的色泽特黄

（十九）爱尔夏牛（奶牛）

原产地：苏格兰西南部的爱尔夏郡

毛色：从浅至深樱桃红、桃红褐色与白色相结合

特征：角分开较宽，向上向外弯，也有无角系

（二十）瑞士褐牛（奶牛）

原产地：瑞士阿尔卑斯山

毛色：全身褐色，从浅褐到深褐色都有

特征：鼻、舌为黑色，鼻镜四周有一浅色带，有角

## 三、牛常用的饲料与制作

### （一）肉牛常用的饲料与配制

1.常用饲料及其营养特点

按饲料的特性分类，将饲料分为：青饲料、青贮饲料、粗饲料、能量饲料、蛋白饲料、维生素饲料、矿物质饲料和添加剂饲料这9大类。而饲料中所含的营养成分主要包括水分、蛋白质、脂肪、碳水化合物、维生素和矿物质这6大类。

（1）粗饲料

这类饲料特点是粗纤维含量高，能值低。这类饲料包括秸秆、干草、秋壳等。秸秆类饲料是指庄稼成熟收籽后剩余的部分，如麦秸、稻草、玉米秸、谷草、豆秸等。

其主要特点是：资源广，成本低，粗饲料是家畜最主要最廉价的饲料。营养价值低。容积大，适口性差，但因此对家畜肠胃有一定刺激作用，使肠胃处于运行之中。对牛来说，这种刺激，使反刍家畜进行正常的反刍。粗饲料虽然营养价值低，但食人适量，可使机体产生饱感。

粗饲料再细分大致可分为三类：

青干草：以细茎的牧草、野草或其他植物为原料，在结割全部地上部分然后晒干制成。是肉牛的优质粗料。

秆饲料：秸秆饲料是指各种作物收获籽实后的秸秆用作饲料、包括茎秆和叶片两部分。其叶片损失越少，相对营养价值越高。这类饲料主要有麦秸、稻草、大豆秸等。玉米秸秆如不作青贮，也属秸秆饲料。

程壳类饲料：程壳是指作物脱粒碾场时的副产品。包括种子的外联、荚壳、部分瘪籽如麦糠、豆荚子等。

（2）青饲料

包括天然野青草、人工栽培牧草、青作物、可利用的新鲜树叶等。这类饲料分布较广，养分比较完全，而且适口性好、消化率和利用率较高，同时也是家畜摄入水分的主要途径之一。因此，有条件时应尽量利用青饲料喂牛，可降低生产成本。其营养特点如下：

蛋白质含量丰富：一般来说，青饲料中蛋白质的含量可满足任何生理状态下牛对蛋白质的相对需要量。而且氨基酸的组成也优于其他植物性饲料，蛋白质生物学价值较高，一般可达 80%，较精饲料高出 20%~30%

多种维生素的主要来源：胡萝卜素尤为。每千克青草中含 50~80 毫克胡萝卜素。维生素 B 组及维生素 C、E、K 的含量也较高。家畜日粮中，若能经常保证有青饲料，则机体不会患维生素缺乏症。

钙的重要来源：其钙、钾等碱性元素含量丰富，特别是豆科青草，钙的含量更高。

青饲料是家畜摄入水分的主要途径之一。

青饲料适口性好：能刺激牛的采食量，幼嫩多汁，纤维素含量低，营养完善，消化率高。

（3）青贮饲料

青贮饲料是以新鲜的牧草、野草、玉米秸、各种藤蔓等为原料一种或数种混合，切碎后装入袋子堆放在青贮窑内密封，隔绝空气，经微生物的发酵作用制成的饲料。青贮饲料有以下特点：

较长时间保存青贮原料的养分：青贮饲料在青贮过程中部年或更长，分养分能被保存下来，保存年限可达所以使用时间也长。能保证青饲料全年均衡供应：青饲料生长期短，成熟快，很难做到一年四季均衡供应。尤其在冬季，气候寒冷，植物生长缓慢或眠，青饲料不易生长。青饲料经过青贮处理，可以弥补青饲料利用上的时差、季差缺陷。盛产时制作青贮，断青季节开始饲喂，保证全年青饲料均衡供应。

适口性好，易消化：在青贮过程中，通过微生物发酵作用，产生大量乳酸和芳香气味；青贮饲料柔软多汁、适口性好；混合青贮可提高秸秆的消化利用率。

（4）能量饲料

能量饲料系指每千克饲料干物质中含消化能在 31.40 兆焦以

上，粗纤维低于 18%，蛋白质低于 20%的饲料。主要有三类：禾本科籽实、多汁饲料（块根、块茎、瓜类），糠麸等加工业副产品。

禾科籽实：是肉牛精饲料的主要组成部分。常用的有：玉米、大麦、燕麦、高粱等。其营养特点：淀粉含量高，约占 70%~80%；粗纤维含量低，其含量一般在 6%以下；粗蛋白质含量一般在 10%左右；脂肪含量少，一般在 2%~5%之间。

多汁饲料：即块根、块茎作物，常用来作饲料的有红薯、胡萝卜等，这类饲料在自然状态下水分含量高，习惯上称其为多汁饲料。

加工副产品：主要有三种，一是粮食加工副产品；二是工业加工副产品；三是酿造业加工副产品。例如麦麸皮、米糠、淀粉渣、酒糟、糖渣、苹果渣等。

玉米是肉牛最主要的能量饲料，含淀多，消化率高，每千克干物质含代谢能 13.88 兆焦。

大麦也是较好的能量饲料，薮子因含纤维较多，每千克干物质含代谢能 10.68 兆焦。红薯也是淀粉多而蛋白质少、粗纤维少，无论鲜喂或干喂均可作牛的部分能量饲料，值得注意的是红薯鲜喂或喂粉渣时，要除去黑斑病的薯块，防止牛黑斑病中毒。

（5）蛋白质饲料

蛋白质饲料是指干物质中粗蛋白质含量在 20%以上，粗纤维含量低于 18%的饲料。有三大类，一是植物性蛋白质饲料；二是动物性蛋白质饲料；三是微生物蛋白质饲料。喂牛通常用植物性蛋白质饲料。

植物性蛋白质饲料主要包括豆类、油料籽实及其副产品。豆类籽实价格较高，一般不做饲料，但加工后副产品，如棉籽饼、棉仁饼、豆饼、花生饼等，是肉牛良好的蛋白质饲料。棉籽饼及棉仁饼来源丰富，价格低廉，是肉牛蛋白质饲料的重要来源。棉仁饼含粗蛋白质。但棉籽饼为棉籽饼中含有棉籽毒素，又称棉酚，其毒性很强。成年牛瘤胃内可将棉酚形成一定数量的螯合物，有一定的解毒作用，限制喂量，以不超过15%为宜。为了减少毒性，喂前可在80~85℃下加热小时，或发酵5~7天。菜籽饼虽然含蛋白质也很丰富、但味辛辣，适口性差，不宜多用。另外其本身还含有一种芥酸物质，在消化道中受芥子水解酶作用，形成有毒物质，可引起肉牛中毒。为了消除菜籽饼的毒性，可采用埋坑法或湿蒸法脱毒。

由于牛瘤胃中寄存的微生物的特殊功能，可以把非蛋白质物质转化成蛋白质，为牛身体内蛋白质的补充来源，其中以尿素或缩二脲最为普遍。按一般尿素含氮量为42%~46%计算，若尿素中氮全部能合成菌体蛋白质，1份重要的尿素就可合成2.6~2.8份蛋白质，但实际合成效率只有70%。

(6) 矿物质饲料

在天然饲料中都含有矿物质。它们对牛的健康，正常生长、繁殖和生产都十分必要。但对肉牛来说，光靠天然饲料中所含矿物质是不够的。必须在饲料中补给。如食盐、骨粉、贝壳粉等，种公牛补给鱼粉，可提高性欲，增加射精量，提高精子活力和密度。

(7) 添加剂饲料

是指配合饲料中加入的各种微量成分，包含有微量元素、维生素、合成氨基酸、抗生素、酶制剂、激素、抗氧化剂、驱虫药物、调味剂、着色剂和防霉剂等。一般在饲料中添加剂能完善日粮的全价性，提高饲料利用率，促进牛生长和防治疫病，减少饲料贮存期间营养物质的损失及改进畜产品质量等。其用量虽小，但作用却很大，但不可滥用。要按营养需求使用，或遵说明书使用。饲料中禁止使用的添加剂有：调味剂香料（各种人工合成的调味剂和香料）、着色剂（各种人工合成的着色剂）、抗氧化剂（乙氧基喹啉、二丁基羟基甲苯（BHT），丁基羟基茴香醚（BHA）、粘结剂、抗氧化、羟甲基纤维素钠、聚氧乙烯20山梨剂和稳定剂、醇酐单油酸酯、聚丙烯酸树脂II、防腐剂、苯甲酸、苯甲酸钠）。

2.常用饲料的制作

(1) 氨化饲料的制作

秸秆作物是草食家畜的重要饲料来源，然而，由于秸秆含有大量粗纤维，直接用做饲料适口性差，消化率很低，所以在给家畜喂食前要对作物进行简单的氨化处理，以提高其营养价值和口感。

氨化的原料通常采用尿素、碳胺、氨水和液氨等。氨化作用就在于把秸秆类粗饲料中纤维素与木质素分离，使秸秆内木质化纤维膨胀，提高其通透性，便于消化酶与之接触，达到被牛吸收消化的目的。氨是一种碱性物质，在氨化过程中还增加了秸秆的含氮量，为瘤胃内微生物合成蛋白质创造了有利条件，使总营养价值也提高了。

秸秆氨化技术适应于含粗纤维高、粗蛋白质低的禾谷类秸秆，如麦秸和稻草，主要是麦秸。而且秸秆氨化后，质地变得松软，且有一定的糊香味，从而改善了秸秆的适口性，提高了牛的采食速度和采食量。1 千克氨化秸秆相当于 0.4~0.5 千克燕麦的营养价值。

目前，生产实践中氨化秸秆的方法很多，通常采用氨气、氨水和尿素等来进行。有条件时可将麦秸垛密封后通进氨水或氨气，达到一定浓度后打包封口存入窖内。

下面介绍一种在农村最常用最简便实用的方法一利用尿素氨化。其操作步骤如下：

首先要选择地势平坦、高燥的地方制作，并准备好塑料布。也可用水泥池或塑料袋作容器，水泥池的容积可按照 1 立方米可装 140 千克氨化麦秸来计算，麦秸切成 2~3 厘米左右的颗粒，另外准备好尿素、水及用具。

溶液配置：称秸秆重量的 4%~5%的尿素，然后用温水溶化，配成尿素溶液。用水量为风干后秸秆重量的 60%~80%。即每 100 千克秸秆，用 60~80 千克水和用 4~5 千克尿素。

物料混合：将配制好的尿素溶液加入秸秆：尿素加入秸秆后

应充分搅拌使之均匀，然后装入氨化池或堆垛，并踩实。最后用塑料布密封，周围用土封严，确保不漏气。装袋也要装实，装满后扎紧口袋放置即可。

氨化时间：时间长短取决于环境温度的高低，温度越高氨化时间越短。一般来说夏季（20~30℃）氨化 2 周；冬季（0~5℃）5 周左右。

保存与饲喂：制作好的氨化饲料，只要不打开窑，在窑中可保存长时间。饲喂时从窑的一端打开取后封好，一般是采用今天取明天喂，取后放置时，让其余氨挥发。开始少喂，逐渐增加，直到全喂氨化饲料。这样由少到多，逐步习惯。

(2) 微贮饲料的制作

在秸秆作物中加入微生物高效活性菌，放入密种封的容器（如水泥青贮池、氨化池等）中贮藏，经一定的发酵过程，使秸秆作物变成具有酸香味，草食家畜喜食的饲料。

其原理是秸秆在微贮过程中，由于秸秆发酵活干菌的作用，在适宜的厌氧环境下，将大量的木质素、纤维素类物质转化为糖类，糖类又经有机酸发酵菌转化为乳酸和挥发性脂肪酸，使 pH 值降到 4.5~5.0，抑制了丁酸菌、腐败菌等有害菌的繁殖。

微贮的具体方法和步骤如下：

菌种的复活：秸秆发酵活干菌每袋 3 克，可处理麦秸、稻草吨或青秸秆、玉米干秸 1 吨。在处理秸秆前，先将秆菌剂倒入 200 毫升水中充分溶解，然后在常温下放置 1~2 小时，菌种便可复活。复活好的菌液一定要当时用完，不可隔夜使用。

菌液的配制：将复活好的菌剂倒入充分溶解的 0.8%~1.0%的食盐水中拌匀。另外，贮料含水率应控制在 60%~65%之间，即抓起一把贮料双手拧紧，无滴水却手掌湿润明显。

秸秆铡短：选用当年产新鲜秸秆，用高效铡草机草机铡短，长度 5~8 厘米。

秸秆入窑：在窑底先铺放 20~30 厘米厚秸秆，均匀喷洒菌液水，压实后再铺放 20~30 厘米厚秸秆，再喷洒菌液压实。这样每铺放一层，喷液压实一层，一直压到高出窑口 40 厘米处为止。注意一定做到层层压实，特别是边角处压实。

封窑：装窑结束后，再进一步充分压实，在最上面一层均匀洒上食盐粉，再压实后盖上塑料薄膜。食盐用量以每平方米 250 克，其目的是确保微贮饲料上面不发生霉烂变质。盖上塑料薄膜后，在上面撒上 20 厘米左右厚稻麦草，覆土 10 厘米，密封。

加入大麦粉等：在微贮麦秸或稻草时应根据自己拥有的材料，加入的大麦粉或玉米粉、麦麸皮等。这样，在发酵初期为菌种繁殖提供一定的营养物质，以提高微贮饲料的质量。

秸秆微贮后管理：秸秆微贮后，窑池内贮料会慢慢下沉，应及时加盖土使之高出地面；并在周围挖好排水沟，以防雨水渗入。

微贮料品质鉴定：封窑后 30 天，即完成发酵过程。用看、嗅、手感等方法鉴定微贮饲料品质好坏。

看：优质微贮青玉米秸秆的色泽呈橄榄绿，稻草秸秆呈金黄褐色。如果成褐色或墨绿色则为质量较差。

嗅：优质秸秆微贮饲料具有醇香和果香气味，并具有弱酸味。若有强酸味，表明醋酸较多，这是由于水分过多和高温发酵所造成的；若带有腐臭味、发霉味，则不能饲喂。

手感：优质微贮饲料拿到手里感到很松散，且质地柔软湿润；若拿到手里发黏、或者黏在一块，说明质量不佳。有的虽然松散，但干燥粗硬，也属不良饲料。

取料时要从一角开始，从上到下逐段取用。每次取出量应当天喂完为宜。每次取料后必须立即封口，以免雨水浸入引起微贮饲料变质。

（3）青贮饲料的制作

青贮是利用微生物的发酵作用，具有长期保存青绿多汁饲料营养的特性，是种扩大饲料来源的一种简单、可靠而经济的方法。

1.原料适时收割

玉米秸在玉米收后还有 4~6 枚青叶时青贮为宜，禾本科牧草适宜在抽穗前收割，豆科牧草适宜在出现花蕾到开花期收割。

2.原料切短

原料切短后有利于装填与压实，也方便取用，奶牛容易采食。玉米秸秆等粗茎或粗硬植物宜切成 0.5~2 厘米，禾本科牧草及一些豆科牧草（苜蓿、三叶草）茎秆柔软，切碎长度应为 3~4 厘米，沙打旺、红豆草茎秆较粗硬的牧草，切碎长度应为 1~2 厘米。

3.装填

装填和切短同时进行，边切边装。需要注意的是一定要踩压结实，可组织人力进行踩压（大型青贮窖也可以用拖拉机等压实），要一层一层踩实，特别是窖四周一定要多踩几遍。装窖速度要快，最好是当天装填、踩实、封窖，装窖时间过长时，好氧菌大量繁殖，原料容易腐败。

4.封闭

原料高出地面 50~100 厘米时，经过多遍的踩压后，上面可铺30 厘米厚的青草或其他长草，用塑料薄膜覆盖更好，随盖随压，再在上面覆一层干净的湿土，厚度至少在 50~60 厘米。塑料袋密封时，可以 2 个或多个人从周边开始向中间挤压，逐步排除空气，然后扎口。

5.管理

密封后，要经常检查，发现裂缝一定要及时覆土压实，窖的四周要挖排水沟，防止雨水渗入。

6.开窖饲喂

一般在封闭后的 40~50 天左右就可以开封启用。启用时先将上面的覆土去掉，再将草层及腐烂的部分扔掉，然后再一层层地取用。青贮窖只能打开一头，分段开窖。取完料后要及时盖好，防止日晒、雨淋和二次发酵，造成养分流失、质量下降或发霉变质。优良品质颜色青绿色或黄绿色，与原料接近、酸香味、柔软，湿润，茎、叶能清楚分辨。中等品质黄褐色或暗褐色、味酸而刺鼻、茎、叶基本能分清。低劣品质黑色或褐色、臭而难闻、腐烂、发粘、结块，分不清原结构。

青贮饲料具有气味酸香、柔软多汁、适口性好、营养全面、贮存时间长等特点。玉米、高粱在籽实收获后，如立即加工即可制作成青贮饲料。

近年来，国外也有刚脱粒后的鲜稻草制作青贮饲料。青贮的原理是利用乳酸菌的厌氧发酵，使饲料中的糖类转化为乳酸，而由于乳酸的产生，使酸度增大而抑制了其他微生物的繁殖，当pH值达4.2时，青贮饲料中的微生物（包括乳酸菌本身）在厌氧条下，几乎完全停止活动，使青贮饲料能够长期保存。

（二）奶牛常用的饲料与配制

1.奶牛常用的饲料。可以将奶牛饲料分为三大类及青贮饲料。

（1）精饲料

一般指纤维含量较低，而能量和蛋白质含量较高的饲料。如玉米、麸皮、米糠等能量饲料和豆饼、棉籽饼、菜籽饼（粕）等蛋白饲料。

（2）粗饲料

是指纤维含量较高的植物茎叶部分，如多汁嫩青草、未结豆荚的豆科茎叶、稻草和灌木枝叶。其中，优质牧草和豆科作物是奶牛理想的粗饲料。

（3）特殊饲料

是除精、粗饲料外的其他饲料。如饲料添加剂、矿物质饲料（碳酸钙）、非蛋白氮、维生素、调味剂等。特殊饲料应由奶牛实际生长情况适当添加。

（4）青贮饲料

是奶牛缺青季节不可缺少的优良粗饲料，在冬季和早春对提高产奶量和维持奶牛健康具有重要作用，每头成牛一冬季须制备5~6吨青贮饲料，一般不足6个月的犊牛也须制备专用的优质青贮饲料。

此外，人工种植牧草是解决奶牛优质饲草短缺的有效途径。适宜项目区种植的牧草有紫花苜蓿、沙打旺、红豆草、扁穗冰草、无芒雀麦等。

2.常用饲料的制作

秸秆的调制技术秸秆主要是指籽实类作物的茎叶，如稻草、玉米秸、小麦秆等。因为秸秆的粗纤维含量高，蛋白质含量低，消化率较低，一般在饲喂时要对其进行处理。其主要目的是促进消化、保存养分和增加适口性。对于秸秆的处理方法包括物理处理法、化学处理法和生物处理法。

（1）物理处理法

切短、揉碎和粉碎，这是处理秸秆饲料最简便而又重要的方法之一。处理后可提高采食量，并减少饲喂过程中的饲料浪费，是生产实践中最常用的方法。此外，比较常用的还有浸泡、制粒压块等方法。

（2）化学处理法

主要有碱化处理、氨化处理。

碱化处理：主要有氢氧化钠、氢氧化钙（石灰水）处理2种方法如

氨化处理：这是用尿素、碳酸氢铵、氨水、液氨等作氨源用来处理秸秆的方法。

（3）生物处理法

生物处理法的实质是利用微生物的处理方法，包括青贮、发酵处理和酶解处理。

发酵处理：即通过有益微生物的作用，软化秸秆，改善适口性，并提高饲料利用率。

酶解处理：即将纤维素分解酶溶于水后喷洒秸秆，以提高其消化率。

青贮：将青绿秸秆新鲜时储存起来，长期保持其青绿多汁状况。这是一种较好保持秸秆营养成分和适口性的方法。

(4) 青贮处理

目前，应用广泛、效果较好的秸秆处理方法是化学处理法中的氨化和下面要详细介绍的青贮处理。

青贮饲料是由青饲料在厌氧条件下经过乳酸菌发酵而制成的一种粗饲料。

(5) 青干草调制技术

1.田间干燥法

把割下的青草就地薄薄地摊成一层，待过几个小时后再将草集成人字形的草堆，继续晾晒，定期翻动。要注意防止雨淋，防止草堆堆放时间过长而发热。

2.草架干燥法

在牧草收割时或遇到多雨潮湿天气，用田间地面干燥法不易成功，可用此法。草架主要有独木架、三角架、铁丝架等。将收割后的牧草在地面干燥半天或一天后，自上而下地置于干草架上，并有一定的坡度，以利于采光和排水，最低一层的牧草应高出地面，以利于通风。

3.人工干燥法

采用加热的空气，将青草水分烘干。干燥的温度如为50~70%，约需要5~6小时，如为120~150℃，约需5~30分钟。这种方法需要一定的设备，目前不普遍使用。

## 三、牛的饲养管理

### (一) 肉牛的日常饲养管理

根据肉牛饲养标准，饲料的营养价值并结合现有的饲养条件，合理地确定每头牛每天的各种饲料量，以满足肉牛的营养需要。但肉牛饲喂管理的也需要注意一些事项。

1.定时定量

日粮配合的原则是“以粗料为主，精料配合，搭配青料，粗、精、青合理搭配”。既要有适度的容积，让牛吃好、吃饱，还能满足其营养需要。而且做到定时定量，使牛形成良好的条件反射，增加唾液分泌，使瘤胃微生物有良好的活动环境，提高饲料的消化率和利用率。

肉牛宜分早、中、晚 3 次。母牛及种公牛日喂 2 次。如果随便打乱饲喂时间和任意改变日粮组成，使牛饱一顿、饥一顿，就会使牛吃不饱草，引起“掉槽”，即在饲喂过程中出现反刍现象，影响牛的采食、反刍、休息等正常生理规律。

2.饲料多样化

日粮应配给多种类饲料，精料、粗料、青绿多汁饲料要搭配，能量饲料、蛋白质饲料要搭配，禾本科草类与豆科草类搭配等。草料多样化，营养物质可以起到互补的作用。再一个好处可以提高适口性，促进食欲。

3.少给勤添

牛喜欢吃新鲜饲料，为了不使草料浪费，保证旺盛的食欲，应少给勤添。为了促使牛上饱草，大多用拌料的方法喂，开始拌料少些、水也少些，最后料大、水多，使牛连吃带喝，一气喂饱。

4.饮水充足

饮水得到保证、牛肌肉发达、被毛光泽、精神饱满、生长发育良好、生产力提高。在无自动饮水设备的条件下，除饲喂时给足水外，运动场也要设水槽。水槽平时勤换勤添，保持充盈和卫生。

5.刷拭牛体

经常刷拭牛体，能保持牛体清洁，清除寄生虫，而且还能促进皮肤血液循环和胃肠蠕动，从而促进消化。同时经常梳刷，牛性情温顺，便于防疫、称重、测量、体检等管理工作的进行。通常是在每天饲喂结束后，刷拭牛体一次，用特制刷毛，由前向后，由上到下边刮边刷。

6.清洁卫生

每天按时清理牛舍，运动场内外卫生，并堆放到指定地点。饲槽、水桶、料缸要及时刷净，不留剩草剩料。经常保持牛舍、牛槽、运动场及道路卫生清洁。每周一次对牛舍、运动场、道路进行彻底消毒。

7.适当运动

牛应有一定的时间到户外运动，尤其是繁殖母牛、犊牛和育成牛。种公牛每天要有专人负责牵引强制运动或在圆形运动架里驱赶运动。繁殖母牛及育成牛可在运动场里自由运动，有条件的行放牧运动。但育肥期，育肥牛限制运动，减少能量消耗。

（二）奶牛的日常管理

1.犊牛的饲养管理（犊牛期是指出生到6月龄阶段）

（1）出生后第1个小时

①确保牛犊呼吸。小牛出生后，首先清除其口鼻中的黏液。然后用人为的方法诱导呼吸；也可用一稻草搔挠小牛鼻孔或冷水洒在小牛头部，以刺激呼吸。

②肚脐消毒。呼吸正常后，应立即注意肚脐部位是否出血。如有出血，可用一干净棉花止住。

③小牛登记。小牛的出生资料必须登记，并永久保存。并在新生小牛颈环上套上刻有数字的环或塑料耳标。

④饲喂初乳。奶牛分娩后5~7天内所产的乳叫做初乳。初乳含大量的营养物质和生物活性物质，可保证生长发育需要和提高抗病力。由于犊牛生后4~6小时对初乳中母源抗体吸收力最强，故生后0.5~1小时喂初乳2千克，第二次饲喂应在出生后6~9小时，持续5~7天；每次饲喂小牛的初乳量不能超过其体重的5%。出生头24小时应喂3~4次；喂初乳前应将其在水浴中加热到39勾，同时清洗奶瓶或奶桶。

⑤小牛与母牛隔离开。小牛出生后，立即从产房内移走，并放在干燥、清洁的环境中。同时确保小牛及时吃到初乳。

（2）出生后第一周

①培养良好的卫生习惯。保持小牛舍的环境卫生，及时清洗饲喂用具，小牛舍必须空栏3~4周并进行清洁消毒。

②观察疾病。犊牛死亡率和发病率都很高。健康的小牛经常处于饥饿状态，所以食欲缺乏则是不健康的第一症状，必须注意

观察和及时治疗。

③小牛去角。去角可避免奶牛对其他奶牛或工作人员造成伤害。但去角时，饲养员必须依照技术指导，避免伤害小牛。

④犊牛7~100龄能吃精饲料，可以补充犊牛能量、蛋白质的需要。同时，可以让犊牛自由采食优质青干草，以刺激瘤胃发育。

(3) 犊牛早期断奶方案

乳用犊牛断奶时间的确定，应考虑犊牛初生重和牛的饲料状况等。目前，根据饲养效果来看，对于35~45千克初生重的犊牛采用60天断奶，就能达到良好的效果。体重低于30千克的可70~910天断奶。

犊牛出生后即开始喂初乳，持续5~7天，此后，用常乳代替，一直至60日龄。同时，从出生后的第七天开始，饲喂开食料：玉米、大麦、（熟）豆粕、少量花生粕、鱼粉、磷酸氢钙、添加剂等组成和水。开食料的粗蛋白含量一般高于21%，粗纤维为15%以下，粗脂肪8%左右。开食料的喂量可随需增加，当犊牛一天能吃到1千克左右（2月龄）的开食料时即可断奶。

犊牛断奶后，继续喂开食料到4月龄，4月龄后方可换成育成牛或青年牛精料，以确保其正常的生长发育。

粗蛋白含量一般高于21%，粗纤维为15%以下，粗脂肪8%左右。开食料的喂量可随需增加，当犊牛一天能吃到1千克左右（2月龄）的开食料时即可断奶。

犊牛断奶后，继续喂开食料到4月龄，4月龄后方可换成育成牛或青年牛精料，以确保其正常的生长发育。

2.育成牛的饲养管理

育成牛是指7月龄至初次配种受胎阶段。荷斯坦牛3~9月龄，体重72~229千克期间是一个关键阶段，因为在此期间乳腺的生长发育最为迅速。

在6周龄至1周岁期间，牛的性器官和第二性征发育很快，体躯向高度和长度方面急剧生长，消化器官容积扩大1倍左右。

对这一时期的育成牛，在饲养上要供给足够的营养物质，除给予优良牧草、干草和多汁饲料外，还必须适当补充一些精饲料。

在12~18月龄，奶牛消化器官容积更加增大。日粮应以粗饲料和多汁饲料为主，其重量约占日粮总量的75%，其余的25%为混合精料，约2~2.5千克，以补充能量和蛋白质的不足。

在18~24月龄为奶牛交配受胎阶段，自身的生长发育逐渐变得缓慢。这一阶段应以喂给奶牛青绿饲料、青贮饲料和块根类饲料为主，精料为辅。

3.干奶牛的饲养管理

干奶有两种原因，一是奶牛在产犊前的一段时期内停止挤奶，使乳房、机体得到休整的过程，这个时期称为干奶期。

二是母牛经过长期的泌乳，消耗了大量的营养物质，也需要有干奶期，以便使母牛体内亏损的营养得到补充，并且能贮积一定的营养，为下一个泌乳期能更好的泌乳打下良好的基础。

奶牛的干奶期应根据其体质、体况等因素来确定，通常为45~75天，平均为60天。同时干奶期这段时间是治疗隐性乳房炎的最佳时机。

逐渐干奶法（一般用于高产牛）用1~2周的时间使牛泌乳停止。一般采用减少青草、块根等多汁饲料的喂量，限制饮水，减少精料的喂量，增加运动和停止按摩乳房，改变挤奶时间和挤奶次数，打乱牛的生活习性。

快速干奶法（一般适用于中、低产牛）在5~7天内将奶干完。采用停喂多汁料，减少精料喂量，控制饮水，加强运动。当日产奶量下降到5~8千克时，就可停止挤奶。再用干奶药剂一次性封闭乳头。

骤然干奶法。在预定干奶日突然停止挤奶，依靠乳房的内压减少泌乳，最后干奶。一般经过3~5天，乳房的乳汁逐步被吸收，约10天乳房收缩松软。对高产牛应在停奶后的1周再挤1次，挤净奶后注入抗生素，封闭乳头；或用其他干奶药剂注入乳头并封闭。

无论采用哪种干奶法，都应观察乳房情况，发现乳房肿胀变硬，奶牛烦躁不安，应把奶挤出，重新干奶；如乳房有炎症，应及时治疗，待炎症消失后，再进行干奶。

干奶前期一般是指奶牛分娩前的 21 天至 60 天。干奶前期奶牛消耗的干物质预计占体重的 1.8%~2.0%（650 千克的奶牛约消耗干物质 11.5~13 千克）。应给干奶前期奶牛饲喂含粗蛋白 11%~12%，低钙（＜0.7%）、低磷（＜0.15%）含量的禾本科长秆干草。给干奶牛饲喂优质矿物质，硒、维生素 E 的日饲喂量应分别达到 4~6 毫克 / 头及 500~1000 国际单位 / 头。

干奶末期指奶牛分娩前的 21 天那段时期。与干奶前期奶牛相比，干奶末期奶牛的采食总量下降 15%（即一头 650 千克奶牛的于物质摄入量减少 10~11 千克），干奶末期奶牛的干物质平均采食量为体重的 1.5%~1.7%。干奶牛在分娩前 2~3 周的干物质摄入量估计每周下降 5%，在分娩前 3~5 天内，最多可下降 30%。

注意事项

①应仔细地计算干奶期奶牛的钙摄入量，以防发生产后瘫痪。即使是无明显临床症状的产后瘫痪，也可能引发许多其他的代谢问题 3 对草料及饲料进行挑选，以使钙的总供应量达 100 克或 100 克以下（日粮干物质含钙量低于 0.7%）。磷的日供应量为 45~50 克（日粮干物质含磷量低于 0.35%）。

②在饲喂高钙日粮（含钙超过 0.8%干物质）及（或）高钾日粮（含钾超过 1.2%干物质或每头每天 100 克）的同时，饲喂阴离子盐。如果饲喂了阴离子盐，钙的摄入量可增加到每头每天 150~180 克。

③给干奶末期奶牛饲喂全谷物日粮，而给新产牛饲喂精料。这样能使瘤胃适应分娩后所喂的高谷物日粮。

④对于体况良好的奶牛，谷物的饲喂量可尚达体重的 0.5%（每头每天 3~3.5 千克），对于非最佳体况的奶牛，谷物的饲喂量最多占体重的 0.75%（每头每天 4.5~5 千克）精料的饲喂量限制在干奶末期奶牛日粮干物质的 50%，或者最多饲喂每头每天 5 千

克。

⑤奶牛在干奶期，尤其在分娩前最后10~14天，不应减轻体重。在此阶段减轻体重的奶牛会在肝脏中过度积累脂肪，出现脂肪肝综合征。

⑥注意干奶末期奶牛的通风及饲槽管理。只要有可能，应使奶牛处于舒适干净的环境，减少不适。分娩前减轻应激意味着产后能更多地采食。

4.产后的饲养管理

奶牛分娩后，要注意以下几点：

(1) 母牛分娩后1~2小时，第一次挤奶不宜挤得太多，大约挤1千克即可，以后每次挤奶量逐步增加，到第三天或第四天后才可挤干净，这样可以防止由于血钙含量一时性过低而发生产后瘫痪。

(2) 分娩时，喂奶牛益母草膏糖水（250克益母草加1500克水煎熬成益母膏，再加红糖1千克，加水3千克，预热到40℃左右），或用获皮（500克）、2.食盐（50克）、石粉（50克）、水（10千克）混合后喂牛，以利于牛恢复体力和胎衣排出，也可促使排净恶露和子宫早日恢复。

(3) 奶牛产后1周内，由于机体较弱，消化机能减退，食欲下降。因此，只能饲喂少量的稀精料，加少许食盐，增加其适口性，并配合喂少许优质牧草或干草，促进其消化吸收。

(4) 产后1周后，多数奶牛乳房水肿消退，恶露基本排干净，消化机能正常。此时，可逐渐增加精料，多喂优质干草。在此阶段，每天日粮可增加0.3千克精料（直至6.5~7千克止），粗饲料按青贮玉米每天每头15千克，块根料为每天每头3千克以内。每天日粮干物质的进食量占体重的2.5%~3%。

(5) 产后15天以后，可根据牛的食欲和日产奶量（按奶料比2.5：1）投放精料，直至顶峰，但日喂量不要超过10千克。同时，要保证优质粗饲料的供应，精粗比例为6：4。

（三）肉牛的繁殖管理

1.肉牛的繁殖特点

(1) 性成熟与体成熟

随着年龄的增大，出生后的小牛身体各部分生长发育，性器官、系统的结构与功能日趋成熟完善，随后就会出现性成熟。性成熟现象即母牛卵巢能产生成熟的卵子，公牛睾丸能产生成熟的精子的现象。

性成熟是牛的生理现象之一。性成熟期既受牛的品种、性别、营养、管理水平等遗传的和环境的多种因素影响，又是影响肉牛生产的因素之一。

性成熟期依品种而不同。小型早熟肉牛甚至在哺乳期（6~8月龄）就达到性成熟，而大型晚熟品种则到月龄甚至更晚些。一般公牛性成熟期较母牛晚。在性成熟期，小牛第一次发情叫初情。

体成熟是指牛的机体各器官、系统发育至适宜于繁殖小牛的阶段。对青年母牛来说，体成熟意味着机体功能可以负担妊娠并哺育犊牛了。体成熟的时间，一般是当体格长到成年时体重的70%左右的时候。中国黄牛的体成熟（一般为 20~24 月龄）。

(2) 发情

母牛性成熟以后，每隔一定日数（一般为 19~23 天），未妊娠的牛将会再次反复表现出性欲的现象称为发情。

发情现象：母牛发情时，其行为和生理状况出现一系列变化。发情母牛相互爬跨、四处张望，寻求公牛；外阴潮红肿胀，黏膜充血，流出透明的黏液；触摸背、尻部，举尾、安静不动；食欲减退，多汗，饮水增加，体温升高。

发情周期：达到件成熟的母牛，若在发情期中末孕，其发情是按一定规律周而复始地出现的，相邻两次发情出现时间成为一个发情周期。黄小和水牛的发倩周期平均 21 天（17~24 天），青年母牛平均为 20 天；母牛由发情开始到发情结束这段时间称为发情持续期，黄牛一般为 1~2 天，水牛为 2~3 天。

适时配种时间：母牛适时配种时间与母牛的排卵时间和卵子保持受精能力的时间密切相关。据测定，母牛的排卵发生在发情后期，黄牛在发情结束后 8~15 小时，水牛在 10~18 小时。卵子的寿命最长为 20~24 小时，但具有受精能力的寿命较短，一般仅 6 小时。

据试验，母牛排卵后 2~4 小时配种的受胎率最高，早胎死广率最低，但在生产实践中很难确定。所以，一般以静立发情作为起点来确定配种时间较容易掌握。

当母牛出现静立发情后，黄牛隔 8~12 小时、水牛隔 18~24 小时进行第 1 次配种，再隔相同时间重复配种 1 次。生产中，实行上午发情下午配种，下午发情第二天早上配种的原则，这样不但简便易行，而且受胎率较高。

2.配种方法

（1）人工控制自然交配

这种方法与农村中的野牛乱配截然不同。其特点是配种公牛是肉用种公牛或经过严格选择、符合种公牛标准的良种公牛：在配种季节，将公牛放入放牧的母牛群中进行放牧饲养，让公牛自由地与发情母牛交配。放入公牛的比例为 1：（15~20）。即每 15~20 头繁殖母牛群搭配 1 头种公牛，这种人法的优点是简便省事；但公牛利用率低，使用年限短，个体选配难于进行，易疾病传播。

（2）人工辅助交配

这种方法的特点是：公母牛分开饲养，当母牛发情时，才用指定的公个配种。肉用种公牛体型大，一般多在配种架上进行交配，并进行人工辅助，这样既可使交配准确无误，又控制了公牛的配种次数，还可以进行个体选配，但种公牛利用率仍然不高。

（3）人工授精

即借助器械的帮助，将采集的公牛精液输入母牛的生殖道中，使精卵结合受精，以繁殖后代。

利用人工授精技术，大大提高种公牛的利用率和配种效率，加快繁殖改良的速度，减少繁殖疾病的传播，提高母牛配种的受胎率。这种科学的配种方法，在国内外已经普遍应用于生产。

（4）人工授精操作

精子保存：一般采取以下步骤进行

①用液氮贮存保存冻精。

②移入罐中的冻精，操作必须快速，整个移入过程的时间，每次要求在2~3秒内完成，最长不超过5秒，移入冻精浸泡在液氮中后，立即盖上瓶塞。

③液氮罐要平稳放置在干燥、通风、避光的室内，切不可倾斜或倒伏，盛有精液的液氮罐要定期检查，掌握液氮损耗率，并及时添加液氮。

④汽车运输时，液氮罐要装上外罩，并固定抱牢，防止液氮罐倾斜或撞击，长途运输要防止暴晒，每隔4~5小时要作一次安全检查。

⑤若发现液氨罐颈口出现白霜，即为异常，应立即更换液氮罐。

解冻：冻精的解冻一般采用高温快速解冻效果好，但难以掌握，我国多采用38~40℃的水来溶解冻颗粒精液和细管精液。

颗粒冻精的解冻方法是：首先将解冻液1~1.5毫升置于消毒过的试管内，放入40℃的水溶杯中，取颗粒1~2粒迅速投入试管内，振荡一下，使之均匀解陈，尽快吸入输精器使用。

细管冻精的解冻方法较为简单，即将细管直接投入40℃的水溶杯中，使之快速解冻，剪去细管封口，装入输精器中。

精液质量检查：将装入输精器或输精枪中精液滴一点在显微镜载玻片上，压上盖玻片，置显微镜下进行精子活率检查，按国内标准规定，镜检时，凡成直线前进运动的精子达3/5以上，有效精子在500万以上为合格。一般说来，厂家提供的冰精都能保证上述标准，可以不进行显微镜检查。

输精前的准备：在实践中，多采用金属输精器（输精针和输精枪）。

输精针要用于颗粒精液，在每次输精前必须先用2%的碳酸钠溶液浸泡冲洗2~3次，去除上次输精残留在管内的精液，接着用清水或开水冲洗2~3次，再用96%的酒精棉球擦拭输精管的外部，然后吸入65%的酒精冲洗管内，再吸取消毒的0.9%的生理盐水冲洗2~3次，方可吸入合格的精液。

金属输精枪（凯苏枪）主要用于细管精液。在使用前，先用96%的酒精棉球擦拭消毒外部，或酒精火焰消毒外部。枪帽每次使用前必须先用2%的碳酸钠溶液泡洗，再用清水冲洗。用纱布包扎煮沸消毒30分钟，才能装入解冻好的合格精液。用完擦干净防止生锈。

3.妊娠诊断

（1）妊娠诊断的方法

外部征状观察法：根据母牛的外部表现进行妊娠诊断，简单易行。

在早期妊娠诊断时，主要是看母牛有无发情表现，对大群牛而言，在发情配种后60~90天内不再发情的母牛，可初步认为是怀犊了。

此外，不返情的母牛性情安静，放牧或运动时行动较缓慢，食欲增加，营养状况常明显改善，表现为体重增加，被毛光润等。到妊娠后期6个月后，妊娠牛腹围增大，安静时偶尔可以看到胎动。

直肠检查法：此法是将手臂伸入母牛直肠内，检查程序：先在骨盆底部摸到子宫颈，再沿子宫颈向前触摸于宫角、卵巢，最后触摸子宫中动脉。从而判断出是否妊娠、妊娠大体月份及胎儿的死活情况。

确诊不孕的母牛应注意观察发情，及时进行补配；对累配不孕的母牛应查其原因，能治疗的及时治疗，难于治疗的应及早淘汰；对已怀孕母牛应加强饲养管理，做好保胎工作。

（2）妊娠孕期中的变化规律

经直肠检查要随妊娠时间的不同而各有侧重。如怀孕初期以卵巢和子宫的变化为主；胚泡形成后以胚泡的发育为主；妊娠 3 个月以上则以卵巢位置、子叶和子宫动脉的变化为主。

具体规律如下：

配种后 19~22 天，子宫勃起反应不明显，在上次发情排卵处有发育成熟的黄体，体积较大，可初步判断为妊娠。

若此时卵巢上无明显的黄体，有较大的卵泡，子宫角有明显的勃起反应，说明正在发情；卵巢上局部有凹陷、质地较软，就可能是刚排过卵，这两种情况均为未孕。

妊娠 30 天，孕角侧卵巢上有大而软的黄体，两子宫角大小不对称，角间沟明显，孕角稍粗大、松软无或微有收缩反应；在青年母牛多可发现有波动感的胚泡。空角较硬，有弹性、弯曲明显。

妊娠 60 天，由于胎水增加，孕角增大且向背侧突出，孕角比空角约粗倍，而且较长，两侧悬殊明显。孕角内有波动感，用手指按压有弹性。角间沟不甚清楚，但仍能分辨，可以摸到全部子宫。

妊娠 90 天，孕角如排球大小，波动明显，开始沉入腹腔，子宫颈移至耻骨前移，初产牛子宫下沉时间较晚。有时可以触及漂浮在子宫腔内如硬块的胎儿，角间沟已摸不清楚。

妊娠 120 天，子宫全部沉入腹妊娠腔，子宫颈越过耻骨前缘，触摸不清子宫的轮廓形状，只能触摸到子宫背侧及该处明显突出的子叶，形如蚕豆或小黄豆。偶尔能摸到胎儿。子宫动脉的妊娠脉搏明显可感。

妊娠 150 天，全部子宫增大沉入腹腔底部，由于胎儿迅速发育增大，能够清楚地触及胎儿。子宫逐渐增大，大如鸡蛋；子宫动脉变粗，妊娠脉搏十分明显，空角侧子宫动脉尚无或稍有妊娠脉搏。

妊娠 180 天至足月，胎儿增大，位置移至骨盆前，能触及到胎儿的各部分和感到胎动，两侧子宫动脉均有明显的妊娠脉搏。

4.分娩与接产

(1) 分娩前期情况

母牛的产犊过程叫作分娩。产前由于机体内多种激素与生理状态的变化，使牛的行为和体表某些部位发生明显变化，这些变化包括：

乳房膨大：一般妊娠母牛产前约半个月乳房膨大，产前几天可以从前面两乳头挤出黏稠、淡黄如蜂蜜状的液体。

尻部凹陷：尻部尾根两侧凹下、塌陷，特别是经产周就开始母牛表现更为明显。这种现象可能在产前1~2天，凹陷程度更大。

外阴部肿胀：母牛在妊娠后期，阴唇逐渐肿胀、柔软、皱褶平展，封闭了宫颈口的黏液塞溶化，在分娩前天呈透明的索状物从阴部流出，重于阴门外。

行为的变化：母牛临产前，行动不安，食欲减少或废止；有时举尾、腹痛而回头看顾，常作排尿状等o

对临产母牛，要将其牵入一单独围栏内，周围环境要安静，并且要垫上干燥卫生的柔软干草；取掉母牛缰绳，让牛自由活动；饲喂易消化的草料，如青干草、苜蓿干草和少量精料；饮用清洁水，冬天最好为温水。

此外，产前还要准备好有关用具、药品，如消毒剪刀、碘酊、药棉、消毒毛巾、炎药粉、煤粉皂液、肥皂、高锰酸钾、刷子、消毒线等。

(2) 分娩过程

①分娩开始时，要以高镒酸钾药液（0.1%）清洗外阴部及周围体表和尾根部。

②检查胎儿和产道的关系是否正常，正常胎位，不必人为拉出胎儿；如产出时间较长，则可按母牛努责、协助用力向乳房方向拉出。如为倒生——如后肢与尾臀部先出时，应及时拉出胎儿，不可延误太久。

③胎儿头、鼻露出后，如羊膜未破，可以用手扯破，并及时

用毛巾擦净其黏膜，防止进入胎儿鼻腔。

④胎儿头部通过阴门时，如果阴唇及阴门非常紧张，应有一助产人员用手搂住和保护阴唇及会阴部，使阴门横径扩大，促使胎儿头部顺利通过，且能避免阴唇上联合处被撑破撕裂。

⑤如果要对胎儿产出姿势作一校正，可在母牛不努责时（间歇期），推胎儿入内，然后在间歇期内拨正。

⑥母牛产犊后，应喂给温麸皮水（麸皮 1.5~2.0 千克，食盐 100 克，温开水 2.5~3.0 千克）犊牛产出后，应做好护理工作。如擦干黏液，断脐消毒，哺饮初乳等。

5.提高繁殖率的措施

（1）改善饲养水平

牛的不孕在很大程度上与营养有关，因此，在饲养上必须满足与繁殖有关的主要营养物质，特别是能量、蛋白质、矿物质和维生素的需要量。但也要避免营养水平过高、过肥造成母牛卵巢发生脂肪变性，从而影响滤泡成熟和排卵；公牛睾丸也会因过肥而使机能退化，影响精子的成熟。

（2）提高管理技术

在管理上要保证繁殖牛群得到充足的运动和合理的日粮安排，加强妊娠母牛的管理、防止流产。牛舍内部的通风设备条件也能影响母牛的繁殖。据研究，以上的二氧化碳有害气体时牛舍内空气中含有，不仅使牲畜呼吸感到困难，而且还能破坏消化和肌体的新陈代谢，使母牛的性欲降低。为此，必须改善调整好牛舍的空气环境。

另外，还必须建立严格的繁殖记录制度，如配种记录、妊娠检查、繁殖疾病、分娩状况及产后子宫复原和第一次发情时间和繁殖效果等。

（3）改进配种技术

为提高受配率和受胎率，排除漏配、误配是提高受配母牛数的关键在管理上要，对每头母牛仔细观察发情表现，并作必要的记录。对那些发情症状不明显或不发情的母牛，及时请兽医诊治。

对那些患有难以治愈的生殖疾病，久不发情或年连配而久配不孕的母牛，应及时淘汰。

采用人工授精是提高母牛受胎率的重要方法之一，尤其对于阴道炎症，阴道酸性过强，子宫颈位置不正等生殖器官的母牛，更应采用人工授精。对母牛实行人工授精时，应使用精液品质好，符合标准要求的冷冻精液，并且按要求操作。

(4) 提高产犊成活率

犊牛成活率，包括从初生到断奶大约 7 个月的时间内，犊牛不发生意外或的大约疾病死亡。因此，要对新生犊牛加强护理，如产犊时，及时消毒，擦净犊牛嘴端黏液，卫生断脐，及时吃上初乳等。

(5) 严格执行兽医检疫措施

注意预防严重影响繁殖的传染病，如布氏杆菌病、胎弧菌和滴虫病等，严格执行防疫、注射、检疫和卫生措施，对病牛群要按照兽医防疫措施隔离处理；对患有生殖器官疾病的母牛要及早进行治疗。

(6) 积极防治母牛的繁殖障碍

繁殖障碍表现为繁殖能力的丧失，公母畜身上均可发生。繁殖能力的丧失，有的是永久性的，称为不育；有的是暂时性的，经过改善饲养管理或进行相应治疗即可恢复，这称作不孕，特指母畜而言。

在生产中，不孕症是常见的，不孕主要症状为母牛屡配不孕或久不发情，往往造成空怀损失。后天获得性不孕多由生殖器官疾病、饲养管理不善、过肥过瘦、气候剧变、繁殖技术失误、老弱久病等所致。母牛常见繁殖障碍与防治有以下几个方面：

卵巢发育不全，卵巢很小，无卵泡发育，生殖道呈幼稚型等，这些种先天性卵巢发育不全，无特效治疗方法。

卵巢静止：卵巢不出现周期性活动，质地较硬，大多带有黄体，表面可能不规则。由卵巢机能暂时受到扰乱引起。

卵巢萎缩：卵巢变小，质地稍硬，无卵泡发育。主要因为卵巢机能长久衰退，如衰老、瘦弱、使役过重所致。

完全卵巢硬化：两侧卵巢均硬化如木质，无卵泡发育。多为卵巢炎后遗症，卵巢囊肿和持久黄体等也可引起。

持久黄体：分娩后长期不发情，或只出现过次发情，卵巢的同一部位有显著突出的黄体长久存在。

黄体囊肿：由排卵后黄体化不足、卵泡壁上皮细胞黄体化引起或由卵泡囊肿发展而来。主要症状为缺乏性欲，长期不发情。

对各类不发情牛均可每日适度按摩卵巢，每次5~10分钟，还可以试情公牛刺激其性机能。在卵泡发育期至黄体形成期勿使役过重，饲料中要有足够的蛋白质、维生素和矿物质，可预防卵巢机能失常。使用促黄体素诱导排卵时量要足够，避免卵泡囊肿或卵泡黄体化的发生。瘦弱牛应首先改善饲养管理，不可单靠药物催情。

## 四、肉牛育肥管理

肉育肥牛是根据肉牛的生长发育规律，科学地应用饲料和管理技术，合理地利用当地的基础饲料，提高饲料利用率，缩短肥育生长期，降低料肉比，提高个体产肉量和肉的品质，获得改善牛肉成分，提高牛肉的品质，生产出符合人们需求的优质牛肉，以获得较高的经济效益。

### （一）肉牛育肥原理

要使牛尽快育肥，给牛的营养物质必须高于维持和正常生长发育的需要。在不影响牛的正常消化吸收的前提下，在一定范围内饲喂的营养物质愈多，所获得的日增重就愈高，并且每单位增重所耗费的饲料愈少，出栏日期也可提前。

不同品种，在肥育期对营养的需要是有差别的。如果需要得到相同的日增重，则非肉用品种牛所需要的营养物质高于肉用品种和肉用杂种牛。

不同生长阶段的牛，在育肥期间所需求的营养水平也不同。犊牛在生长期间，正处于生长发育阶段，增重的主要部分是肌肉、骨骼和内脏，而后期成年牛增重主要是以沉积脂肪为主。据研究，14 月龄左右的犊牛其肌肉相对生长速度最高，18 月龄后肌肉的绝对和相对生长速度都降低。这是由于随着年龄增长，体内氮的沉积能力下降制。

可见，犊牛出生后，肌肉的生长有两个旺盛阶段，即初生到 7 月龄和 14~18 月龄。

不同的温度对育肥牛的营养需要和增重影响很大。平均温度低于 7 度时，为了抵御寒冷，牛体产热量增加以维持体温。低温增加了热能的散失，使饲料利用率下降。所以对于处于低温环境中的牛要相应增加营养物质才能维持较高的日增重。当平均气温高于 27 度，牛的呼吸次数和体温随气温升高而增加，采食量减少。温度过高时，牛的食欲下降，甚至停食、流涎，严重的会中暑死亡。肉牛的适宜温度 16~24 度。若空气湿度高，会加剧高温对牛的危害，特别是育肥后期，牛体较肥，高温、高湿危害更为严重。

在肉牛生产中，达到屠宰体重的时间越短，其经济效益越高。据很多试验证明，牛只为 300 千克活重，每天维持生命需要约兆焦增重净能，而每千克增重需要 18 兆焦增重净能。在任何情况下，强度育肥，直接用于产肉的饲料消耗是相同的。但随着育肥期加长，用于维持生命的饲料消耗就大为增加，育肥期越长，非生产性饲料消耗越高。因此，在不影响牛的消化吸收的前提下，喂给营养物质越多，所获日增重就越高，每单位增重所消耗的饲料就越少。

根据牛的生长规律，犊牛在育肥前期应供应充足的蛋白质和适当的热能，而后期则要供应充足的热能。任何品种、任何年龄的牛，当脂肪沉积到一定程度后，其生活能力降低，食欲减退，饲料转化率降低，日增重减少，如再继续育肥就得不偿失。

肥育期均应 3 个月左右。膘情差的幼牛，先要喂一段时间再肥育，否则瘦牛在肥育期间，过量饲料会导致严重肥胖，而肌肉增加较少，胴体中积累过量脂肪而降低肉的品质。

牛的性别影响育肥效果。在拴系饲养时，小公牛增重最快，肉质最好。散放饲养时，小公牛活泼好动，体能消耗过多，导致增重和饲料报酬下降。育肥母牛和阉牛时，生产的牛肉脂肪较多，肉质较嫩，但饲料消耗较多。在传统的肉牛业生产中，为了便于饲养管理和获得优质牛肉，一般都将公牛去势后再肥育。但近年来，欧洲大多数国家均趋向于将公牛直接肥育，以高效率生产大量优质牛肉。公牛的生长速度和饲料利用率明显高于阉牛，且胴体瘦肉多、脂肪少。

其次，牛的品种、饲养管理科学化程度等也是决定肥育成效的重要因素。

（二）肉牛的肥育类型和方法

随当地的自然环境和农场经济条件和习惯而异。按饲养方式可分为放牧肥育、舍饲肥育和半舍饲肥育；按年龄可分为犊牛持续肥育、架子牛肥育、成年牛肥育和老残牛肥育；按性别分为公牛肥育、阉牛肥育和母牛肥育；按肥育期分为 _ 般肥育和短期肥育。具体操作中采用哪种肥育类型和方法，要根据肥育牛的体况、饲料、当地条件、肥育技术、出售时间、季节等来定夺。

1.放牧肥育

这是一种成本最低的肥育技术，其特点是利用当地自然市场资源生产廉价的牛肉，可节省人力、物力和粮食。我国广大牧区和南方半农半牧区广泛采用这种肥育方式。

放牧肥育又分为全放牧肥育、放牧补饲肥育和放牧末期短期催肥几种方式。放牧方式的选择，要依草场条件、谷物价格、牛的年龄、要求增重速度及市场状况而定。

想要提高放牧肥育的效果，除了改良牛的品种，改良草场，固定牧草使用权，加强草场管理这些基础条件外，还需放牧人具备一定放牧技术。

不同季节不同安排：早春放牧要防止牛只“跑青”，夏季放牧防暑，防蚊蝇干扰，抓住早、晚凉爽时机放牧，中午让牛群在阴凉下休息。秋季牧草开始结实，气候适宜，抓住时机，早出晚归，延长放牧时间，抓住膘情。有条件时，可以终日在牧地放牧，不回牛舍，让牛多采食、多休息、少跑路，达到多增膘、早出栏的目的。秋末冬初，牧草品质较差，要补饲精料和饲草，使牛在越冬期不掉膘，并有适当的增重，这样对于来年放牧肥育有良好的后继效应，能够发挥牛体内的增重潜力。

整个放牧期间：注意补喂食盐和其他矿物质饲料，并要保证有充足的清洁饮水。同时对放牧要采取划区轮牧，施肥灌溉，补播优质牧草，清除毒草和劣质杂草，消灭鼠害和虫害。

2.舍饲肥育

这是种肉牛在整个肥育期间，以人工草料饲喂，使短期内达到肥育目的的肥育方法。一般肥育期为 90 天，所以又叫短期肥育或快速肥育。

酒糟为主的日粮：以酒糟为主要饲料肥育牛，是我国育肥肉牛的一种传统方法。酒糟肥育开始时要有一个适应过程，在饲料中逐步加大酒糟含量。据实验表明，新鲜酒糟日喂量 20~30 千克最佳；将酒糟加热到 25~30℃牛的采食量最大，拴系饲养比散放饲养日增提高 20%左右；秸秆用量从 2 千克减少到 0.5 千克，在精料用量不变，酒糟用量不限的情况下，可提高日增重 10%~13%。酒糟肥育牛所用精料，可根据不同肥育牛品种、年龄的营养标准，结合所用料的成分进行计算。

青贮玉米为主的日粮：有些地区以青贮玉米为主，加少量青干草和精料进行肉牛肥育。应用青贮玉米肥育，要让牛有一个适应过程，喂量要由少到多，习惯后才能大量饲喂。青贮玉米属高产饲料，单位面积产量高，以青贮玉米为主的肥育日粮类型很有推广价值。由于青贮玉米的蛋白质含量较低，只有 2%左右，所以必须与蛋白质饲料如棉饼等搭配。

青干草为主的日粮：此法适宜秋季进行肥育。此时野草已干枯，农作物已收获，以干草和作物秸秆为基本饲料，经加工配成“花草”饲喂，集中 300 千克体重杂种肉牛，每天供给 1.5~2 千克精料，日增重可达 800~1000 克。

氨化秸秆加棉籽饼日粮：广大农区，麦秸与棉籽饼资源十分丰富，适宜采用此种方法。

3.犊牛肥育

犊牛育肥多是强度育肥，其肉呈淡红色，鲜嫩可口，素有“白肉”之称，适合高消费水平地区食用。随着旅游业的发展和人民生活水平的提高，“白牛肉”的生产前景广阔，市场开发潜力大。

犊牛肥育方法：初生犊牛前 3 天必须保证充分吃到初乳。4 周龄前随母哺乳或人工哺乳，日哺乳量为体重 11%。5 周龄开始教其采食草料，并拴系，限制其运动。10 周龄日喂奶量为体重的 8%，优质干草或青草让其自由采食。配合 42%的玉米料、25%的麸皮、15%豆饼、15%干甜菜渣、0.3%磷酸钙、2.5%鱼粉拌制的精料，逐渐增加喂量，日喂奶量可适当减少，保证平均日增重在 0.7 千克以上，6 月龄体重达到 230~250 千克，屠宰率为 52% ~55%。

4.育成牛的肥育

育成牛正处在生长旺盛时期，在此期间进行育肥增重快，饲料报酬高，经济效益高，是目前较普遍的育肥方法。幼龄牛强度育肥：幼龄牛强度肥育是犊牛断奶后立即转入肥育，肥育期采用高营养饲喂方法，使其日增重保持在 1.2 千克以上，周岁时结束肥育，活重达到 400 千克以上。要到这个体重，必须是外来大型肉牛或和我国五大良种黄牛的杂交后代。具体饲喂方法是：定量喂精料，粗料自由采食，不限量，饮水也如此。采取拴系喂养，限制运动，并保持环境安静、卫生。

以青绿饲料为主的肥育日粮是：玉米 40%、蕤皮 20%、棉籽饼 38%、骨粉 1.5%、食盐 0.5%。

以豆科干草青贮料为主的日粮为：玉米 45%、熬皮 18%、棉籽饼 35%、骨粉 1.5%、食盐 0.5%，同时使用维生素制剂和增膘快添加剂。

18~24 月龄出栏牛的肥育。犊牛断奶后，利用青草、农副产品及少量精料，饲喂到18月龄，体重达到300千克，再经6个月的强度育肥（混合精料占体重1.5%），体重达到450千克左右即可出栏。

这样肥育方式的优点是在强度肥育前，可利用廉价的饲草、农副产品，使牛的骨骼和消化器官得到充分发育，进入强度育肥期后对饲料利用率高，肥育周期短，资金周转快，饲料报酬高，增长速度快，生产成本低，经济效益明显。适合我国广大农区肉牛育肥。

5.成年牛的肥育

这里的成年牛包括肉牛、役用牛或是淘汰母牛。这些牛一般生长发育已经停滞，产肉率低，肉质差，经肥育肥之后使肌肉间的脂肪增加，牛肉嫩度和味道得到改善，从而提高其经济价值。

对这类牛进行肥育，应选用优质易消化的饲料，进行科学配比，在较高营养水平下快速育肥，达到改善肉质，提高产肉量为目的，注意配合饲料中加进适量的健胃剂，帮助消化，提高消化率，促进牛肉品质改善。

6.肉牛肥育化学技术

肥育，除正常的饲养技术外，根据牛的消化器官构造特点及消化特点，加入一些化学制品促进肥育效果，这样既能节约精料，提高饲料报酬，又提高了产肉量，同时牛肉品质也有明显改善。

非蛋白氮的利用：非蛋白氮通常指工业化生产的非蛋白态氮化物，其中最常用的是尿素，还有异丁基二脲、磷酸脲、缩二脲等。牛瘤胃微生物（细菌和纤毛虫）能有效地利用非蛋白态氮化物中的氮素，合成大量优质菌体蛋白，成为反刍动物蛋白质营养的重要来源之一。菌体蛋白质消化率，生物学价值，营养价值较高。

增重剂的应用：增重剂也叫促生长剂，能促进牛体肌肉增长，加速脂肪沉积，增加采食量，提高饲料利用率的物质。以玉米赤霉醇为原料的柱型埋植药丸是目前最常用的肉牛增重毫剂，每丸含玉米赤霉醇 12 毫克。药丸用特别注射枪埋植牛的耳背、距耳根 2.5 厘米处的皮下脂肪层中。埋植方法是将牛保定，用的 75%酒精棉球擦拭注射针头和埋植部位。固定好牛耳，将注射枪针头刺进耳背部皮下，使针尖达到埋植部位，然后退出约 1 厘米，然后扣压注射枪扳机，将药物全部注入，抽出针头，用碘酒或酒精棉消毒，埋植后有效期为 60~90 天。

饲料添加剂应用：饲料添加剂是向饲料中添加的少量或微量物质，以满足牛只营养需要。

如补充必要的微量元素碑的阿散酸，能有效地激活机体生理机能的牛大壮，适用于膘情差的成年牛短期育肥的增膘快，以及抑病的中草药添加剂等。

## 五、奶牛的特殊管理

### （一）防疫措施

1.奶牛场或生产区入口处消毒池内，每天应保持有消毒液，消毒室内应装紫外灯。

2.非本场人员未经场长或技术员同意，不得随意进入生产区。外人进入必须先更换工作服、帽和胶鞋，经消毒池和消毒室消毒，杀菌后方可进入。

3.每天清理牛舍、运动场及周围地区的牛粪及其他污物。每季度大扫除、大消毒 1 次。

4.对病牛舍、产房、犊牛预防室及隔离牛舍，每天应进行清扫及消毒。

5.奶牛发生烈性或疑似烈性传染病时，应立即向上级主管部门或当地防疫、检疫机构报告，并主动采取隔离、封锁、消毒和注射等应急措施。当该传染病终止后，经彻底消毒，报上级主管部门检查合格后，方可解除封锁。

6.场外附近发生烈性或疑似传染病时，应立即采取隔离、消毒等措施，防止传染病的传入。

7.引进奶牛时，必须从非疫区引入，并应持有当地法定单位的健康检验证明。运牛时，应有车船消毒证。运入后，经一定时间（2个月左右）隔离观察和检疫，确定无传染病后，方可合群饲养。

8.严禁调出或出售传染病患牛和隔离、封锁区解除前的任何牛只。

9.奶牛场全体员工，每年必须进行一次健康检查，发现结核病、布氏杆菌病及其他传染病患者，应及时调离生产区a新员工必须进行健康检查。

10.奶牛场内不准饲养其他畜禽。禁止将畜禽及其产品带入生产区进行作业。

11.每年定期进行大范围灭蚊、蝇、虻、螺等吸血昆虫及灭鼠活动，以降低昆虫及鼠带来的损害。

（二）免疫措施

1.每年5月或10月全牛群进行一次无毒炭疽芽孢菌的免疫注射，免疫方法参照疫苗使用说明书，免疫期为1年。

2.全牛群每年进行2~3次口蹄疫疫苗的免疫注射，免疫方法参照疫苗使用说明书。

3.必须严格执行国家农业部和省、市区（县）各级防疫部门有关接种防止其他传染疾病疫苗的规定，以预防地区性传染病的发生和传播。

4.结合本场以往的奶牛发病史，应及时接种相应的疫苗，如气肿疽疫苗、出血性败血症疫苗等。

5.当牛群受到某些传染病威胁时，应及时采用经农业部或省、市兽医药政部门批准的生物制品，如抗炭疽血清、抗气肿疽血清、抗出血性败血症血清等进行紧急接种，以治疗病牛和防止疾病进一步扩散。

（三）检疫措施

1.全牛群每年进行2次结核病的检疫。

2.凡判定为结核病可疑反应的牛，于第一次检疫30天后进行复检；其结果仍为可疑反应时，经30~45天后再复检；如仍为可疑，应判为阳性。

3.对出现结核病阳性反应牛的牛舍内牛群应停止调动，每隔45天复检一次，直至连续2次不再出现结核病阳性反应牛为止。

4.结核病检疫终判为阳性反应的牛，应立即隔离、捕杀。

5.全牛群每年要进行1次布氏杆菌病的检疫。

6.布氏杆菌病的检疫一般采用布氏杆菌病的血清试管凝集反应检验法。

7.凡布氏杆菌病检疫血清试管凝集反应阳性或连续2次出现可疑反应的牛应立即捕杀。

8.结核病及布氏杆菌病的各种检疫结果报告书应妥善保留，并将可疑和阳性反应情况登记在奶牛病史上。

9.引进奶牛时，应按“家畜家禽防疫条例”中有关规定，作口蹄疫、结核病、布氏杆菌病、蓝舌病、牛地方性白血病、副结核病、牛肺疫、牛传染性鼻气管炎、黏膜病等临床检查和实验室检验。

（四）奶牛常见病的预防与处理

1.产后瘫痪

产后瘫痪是产后母牛突然发生的一种急性低血钙症。主要由饲料日粮中高钙、低磷，缺乏维生素D及分娩后立即大量泌乳，而使过多血钙丧失引起。一般多发生于产后12~72小时。4~5胎以上的高产牛易发生。

产后瘫痪的症状有：病初不安，站立时两后肢频繁交换。对外界反应敏感，竖耳，睁眼呈发怒状。大便量少但次数多。行走时，步态不稳，有时全身出汗，体温偏低0.5℃。从后背向前看，颈部呈“S”形弯曲，对外界反应淡漠，耳尖及四肢端发凉。随病情的延长，四肢伸直横卧，舌伸至口外，对光反应消失，用针刺全身无反应，呼吸浅而慢，如不及时抢救，易发生死亡。

对产后瘫痪的牛，应采取以下防治措施：

（1）妊娠后期，要注意日粮中钙、磷的供应及比例，要给牛适当运动及日光照射。

（2）对有过产后瘫痪病史的牛，产前5~10天，每天注射一次维生素 D 约 1000 毫克，可预防。

（3）发病后可用 10%葡萄糖酸钙注射液：800~1000 毫升或 50%氯化钙注射液 400~600 毫升，混合于 5%葡萄糖溶液 1000~2000 毫升中缓慢静脉注射。如心力衰竭，在注射前 15 分钟左右，先肌肉注射 15%苯钾酸钠咖啡因注射液 20 毫升。

（4）乳房送风：用乳房送风器向乳房内

送风，直至乳房及皮肤胀平为止。然后，用皮筋或绳索扎紧乳头（15 分钟松开一次）一般在送风后 0.5~1 小时后站立。

同时治疗各种并发症，如低磷酸盐血症、低钾血症等。

2.瘤胃酸中毒

瘤胃酸中毒是瘤胃中乳酸蓄积过多而引起代谢紊乱，多发生于奶牛，死亡率高。

（1）病因：主要是由于采食大量富含碳水化合物的谷物饲料，或长期过量饲喂块根类饲料，以及酸度过高的青贮饲料都可促使本病的发生。

（2）症状：最急性的病例，常在采食谷物饲料后 3~5 小时内突然发病死亡。亚急性病牛，精神沉郁，食欲废绝，流涎。

（3）防治措施：可用 20%葡萄糖酸钙和 25%葡萄糖各 500 毫升，一次静脉注射，每天 2~3 次，直到能站立为止。如多次使用钙剂仍不能站立的，可用 20%磷酸二氢钠 500 毫升，一次静脉注射。

预防方法有：

①产前饲喂低钙饲料，钙、磷比为 1.2∶3 为宜；

②产前 5~7 天，每头牛每天注射维生素 D 约 32000 单位；静脉注射 20%葡萄糖酸钙液 500 毫升，每天 1 次，连用 3 天。

3.母牛长期不发情

长期不发情母牛其卵巢光滑、小，这种现象称为卵巢静止。其原因是饲养管理不良，如饲料质量不佳、量不足，尤其是青绿饲料缺乏；高产奶牛消耗过大，呈营养失调；子宫或全身疾病引起机体的衰弱；近亲繁殖等。

母牛长期不发情，可采取以下方法处理：

（1）每天通过直肠按摩卵巢 1 次，每次 3~5 分钟，以 4~5 天为一疗程。

（2）用促卵泡素（FSH）100~200 单位，静脉注射，或用 2500~5000 单位肌肉注射；待发情后注射同剂量 PMSG 抗血清。

黄体酮与绒毛膜促性腺激素配合应用：先用黄体酮 100 毫克肌肉注射，隔日 1 次，连用 3 次，在第二天肌肉注射绒毛膜促性腺激素 2500~5000 单位 1 次。

激光治疗：用功率为 30 毫瓦的氦氖激光原光束照射卵巢和阴蒂，距离 30 厘米，每部位照射 10 分钟，每日 1 次，连续照射 7 天为一疗程。

4.持久黄体

牛在发情或分娩后，性周期黄体或妊娠黄体经过 25~30 天不消失，临床上表现为不发情，称为持久黄体。主要是由于饲养管理不当或子宫疾病，如蛋白质供应过多或过少；矿物质、维生素不足或缺乏；高产奶牛消耗过大；子宫内膜炎；子宫积脓或积水、胎儿木乃伊、胎衣滞留等引起垂体前叶所分泌的促卵泡素不足，促黄体素过多所致。

患持久黄体的母牛主要表现不发情。直肠检查发现一侧或两侧卵巢上有大小不等的数颗黄体，多数呈蘑菇状突出于卵巢表面，质地较硬。

治疗方法有下列几种：

（1）用促卵泡素（FSH）100~200 单位肌肉注射，如无效，隔 2~3 天再注射 1 次；

（2）氯前列烯醇注射液 4 毫克，肌肉注射或子宫内灌注；

（3）人绒毛膜促性腺激素（HCG）1000~5000 单位，肌肉注射；

（4）隔着直肠按摩卵巢，每天 1~2 次，每次 3~5 分钟，连用 3~5 天；或用手指通过直肠壁挤压黄体，使其分离，但必须紧压分离黄体后的卵巢凹陷处 5 分钟以上，否则易造成大出血而死亡；

（5）激光治疗：用功率为30毫瓦的氦氖激光原光束照射卵巢和阴蒂，距离30厘米，每部位照射10分钟，每天1次，连用5~10天。

5.胎衣不下

母牛分娩后，一般在12小时以内完整、顺利将胎衣排出。若超过12小时仍不能完整排出胎衣，则称胎衣不下或胎衣滞留母牛，应及时处理。

最好的办法是人工剥离（产后24小时内）。但是，由于剥离胎衣的技术水平要求较高，还易造成感染。

因此，目前都采取保守疗法，其方法是：

（1）四环素6~15克，50%葡萄糖500毫升，分娩后第1天进行子宫冲洗，第5天如果仍无法用手轻轻拉出胎衣，则重复冲洗1次。

（2）10%氯化钠500毫升，子宫灌注。隔日1次，连用4~5次，让胎衣自行排出。

（3）增强子宫收缩，可用垂体后叶素100单位或新斯的明20~30毫克等药物，肌肉注射，促使排出胎衣。

6.烂山芋中毒

烂山芋易寄生一种黑斑菌，当牛食入大量黑斑菌山芋后发病。主要表现为病牛精神沉郁，食欲废绝，反刍停止，空嚼磨牙，流涎。后期呼吸困难，气喘，头颈伸直，开口呼吸，呈犬坐式。呼吸粗极，发出吭吭之声，腹部扇动，似“拉风箱”状。眼、口腔、生殖道黏膜发绀，肩胛后肌肉震颤，粪便干硬，呈黑色，并附有黏液或血液。严重时，颈、背、臀部出现皮下水肿，手压出现捻发音，不久出现肺间质气肿，2~3天内窒息死亡。

抢救方法有下列几种：

（1）酸镁或硫酸钠500~1000克，配成7%溶液，一次灌服，以排出体内的黑斑病山芋。

（2）以0.1%高锰酸钾溶液或1%双氧水。

2000~3000 毫升，一次灌服，以解除毒。

（3）10%硫代硫酸钠 100~150 毫升，1%硫酸阿托品 2~3 毫升，一次静脉注射。

（4）5%葡萄糖生理盐水 1000~2000 毫升，5%维生素 E 液 40~60 毫升静脉注射。每日 2~3 次。

7.腐蹄病

病牛站立时，病蹄负重差，行走时跛行，有疼痛感，全身消瘦，泌乳量明显下降可蹄底检查，多数发现在蹄底枕部有小黑斑，用刮刀扩创后，可流出污黑色带气泡的恶臭液体。部分病牛蹄腐烂处自溃而长出不良的肉芽组织，往往突出蹄底表面。严重时，炎症蔓延至冠关节，使之红肿疼痛明显。常并发蹄关节炎。严重时蹄壳可因腐烂、坏死而脱落或出现败血症。

牛腐蹄病的防治，首先应改善牛舍的卫生条件和供应钙磷比例合适的饲料。

牛已经发病处理方法为：先提起病蹄并保定，用消毒药（如 0.1%高锰酸钾溶液）清洗蹄底部，用蹄刮刀将腐烂区削成圆锥形，使脓汁排出，然后用 10%碘酊消毒后，将水杨酸粉、磺胺、碘酊等撒布于腔内，最后用浸有松溜油的棉团塞紧，用蹄绷带包扎，外涂松溜油，隔 2~3 天检查 1 次。

有全身症状时，可肌肉注射或静脉注射抗生素。另外，每年定期对蹄底维修 1~2 次，在霉雨或潮湿季节，用 3%福尔马林溶液或 10%硫酸铜溶液定期喷洗蹄部。

8，寄生虫病预防

（1）水生植物（如水花生、水葫芦）营养浓度低下，且可能有寄生虫存在。所以，不应用于饲喂奶牛。

（2）每年对全场牛群进行 1~2 次肝片吸虫的药物驱虫。

（3）在血吸虫病流行地区，每年对奶牛进行 1~2 次血吸虫病的普查。查出病牛及时隔离饲养，并用吡喹酮等药物治疗。

（4）对血吸虫病流行地区未感染牛只，应进行预防性注射。

（5）牛体表有寄生虫时，用 1%~2%敌百虫溶液或其他外用药物驱虫。

（五）保证牛奶卫生质量的方法

挤奶时无论是机械还是手工，最重要的问题就是如何保证牛奶的卫生质量。

因为，牛奶挤出以后如果处理不当就会变质，尤其在夏天更容易变酸腐败，造成很大的浪费，从而导致经济损失。

牛奶变酸腐败的主要原因是各种细菌在牛奶中繁殖的结果。尤其是刚挤出的牛奶，温度在37~38℃之间，加上它有丰富的营养和含有87%的水分，是细菌繁殖的最好培养基。

防止牛奶变酸腐败，必须做到以下几点：

1.减少牛奶中细菌的数量

在使用挤奶机的条件下：

①挤奶机及输奶管道的清洁卫生，每次挤奶后均须按规定步骤，用洗涤剂冲洗。挤出的奶均由管道直接流入贮存罐中，不与空气接触。在无挤奶机的条件下：必须保持清洁卫生。

②牛体要经常刷洗，冬季干刷，夏季用水尤其是体躯后部。

③挤奶用具要保持清洁卫生，挤奶桶、大奶桶使用后先用凉水冲洗净，然后用热水洗，倒置待内部干燥后方可使用。有条件的地方，还可用蒸汽消毒。

④患有乳房炎或其他疾病牛产的奶不准与健康牛的奶混合。

⑤挤出后的牛奶尽量减少与空气接触的机会。

2.制止细菌繁殖

（1）保证牛奶内无杂质。

（2）马上冷却。一般是使用冷排冷却，如果使用有冷却装置的贮存罐，应把挤出的牛奶通过管道直接流入冷罐中。

总的要求就是需使牛奶温度从体温左右快速降到10℃以下保存温度最好在4勾左右，以制止细菌繁殖。

3.冷却后的牛奶保存方法

普遍农场使用不锈钢制的奶槽进行保存，可节约劳力，减少牛奶损失。奶槽中设有自动搅拌器及冷却装置，牛奶贮存其中可使温度均匀。

少数小规模将奶桶放在冷水中保存。

贮存时间根据每日牛群产量、运出间隔时间的长短而定。

## 第二节　羊生态养殖技术

### 一、养殖区的选择

（一）生态养殖环境基本要求

生态养殖场区应选择生态环境良好、无污染的地区，远离工矿区、公路铁路干线和生活区，避开污染源。具体要求：一是养殖区应距离公路、铁路、生活区 50 米以上，距离工矿企业 1 千米以上。二是应远离污染源，配备切断有毒有害物进入产地的措施。三是不应受外来污染威胁，产地上风向和灌溉水上游不应有排放有毒有害物质的工矿企业。四是水源应是深井水或水库等清洁水源，不应使用污水或塘水等被污染的地表水。五是具有可持续生产能力，不对环境或周边其他生物产生污染。

（二）生态养殖空气质量要求

利用上一年度产地区域空气质量数据，综合分析产区空气质量。总体要求为：总悬浮颗粒物（毫克 / 立方米），禽舍区（日平均）雏禽和成禽≤8，畜舍区（日平均）（毫克 / 立方米）≤3；二氧化碳（毫克 / 立方米），禽舍区（日平均）雏禽和成禽≤1500，畜舍区（日平均）（毫克 / 立方米）≤1500；硫化氢（毫克 / 立方米），禽舍区（日平均）雏禽≤2、成禽≤10，畜舍区（日平均）（毫克 / 立方米）≤8；氨气（毫克 / 立方米），禽舍区（日平均）雏禽≤10、成禽≤15，畜舍区（日平均）（毫克 / 立方米）≤20；恶臭（秘释信数，无量纲）（毫克 / 立方米），禽舍区（日平均）雏禽≤70、成禽≤70，畜舍区（日平均）（毫克 / 立方米）≤70。

（三）生态养殖用水质量要求

水源应是深井水或水库等清洁水源，生态养殖用水水质要求主要有：色度（度）≤15，并不应呈现其他异色；浑浊度（散射浑浊度单位）NTU ≤3 、不应有异臭和异味、不应含有肉眼可见物、pH 6.5~8.5 、氟化物（毫克 / 升）≤3、氰化物（毫克 / 升）≤0.05 、总砷（毫克 / 升≤0.05）、总汞（毫克 / 升）≤0.001、总镉(毫克 / 升）≤0.01、六价铬（毫克 / 升）≤0.05、总铅（毫克 / 升）≤0.05。

**二、品种选择**

羊的品种很多，根据养殖目的大致分为：肉用绵羊的品种：萨福克羊、波德代羊、无角陶赛特羊、边区莱斯特羊、考力代羊、林肯羊、杜泊羊、夏洛来羊、德克塞尔羊、罗姆尼羊、德国肉用美奴羊、小尾寒羊、大尾寒羊等。半细毛羊国外品种主要有新西兰考力代羊，英国林肯羊、罗姆尼羊、边区来斯特羊、来斯特羊，俄罗斯茨盖羊等。肉用山羊的品种：波尔山羊、南江黄羊、成都麻羊、马头山羊、雷州山羊、黄淮山羊、隆林山羊、承德无角山羊、鲁山“羊腿”山羊、贵州白山羊等。

（一）萨福克羊

萨福克羊原产于英国，是绵羊中体格、体重较大的肉毛兼用绵羊品种，常用于与其他绵羊品种杂交。

中国从 20 世纪 70 年代起先后从澳大利亚、新西兰等国引进黑头萨福克，主要分布在新疆、内蒙古、北京、宁夏、吉林、河北和山西等省、自治区。

萨福克羊的特点是早熟，生长发育快，萨福克羊体格大（成年公羊体重 100~136 千克，成年母羊 70~96 千克）。剪毛量成年公羊 5~6 千克，成年母羊 2.5~3.6 千克，毛长 7~8 厘米，细度 50~58 支，净毛率 60%左右，被毛白色，但偶尔可发现有少量的有色纤维。产羔率 141.7%~157.7%。头短而宽，鼻梁隆起，耳大，公、母羊均无角，颈长、深且宽厚，胸宽，背、腰和臀部长宽而平。肌肉丰满，后躯发育良好。体躯主要部位被毛白色，头和四肢为黑色，并且无羊毛覆盖。早熟，生长快，肉质好，繁殖率很高，适应性很强。

（二）波德代羊

波德代羊来自世界著名的羔羊肉产地一坎特里平原，该品种羊被毛全白，体躯长而宽平，后躯丰满，肉用体型良好，20 月龄剪毛后体重公羊为 94.14 ± 7.58 千克，剪毛量为 8.20 ± 0.81 千克，母羊相应为 68.07 ± 4.95 千克和 5.12 ± 0.52 千克。

公、母羊均无角，全身被毛白色，鼻境、嘴唇、蹄冠为褐色。体质结实，结构匀称。头大小中等，颈宽厚，鬐甲宽平，头、颈、肩结合良好。背腰长而宽平，肋骨开张良好，胸宽深，腹大而紧凑，前躯丰满，后躯发达，整个体躯呈桶状，臀部呈倒 U 字形。四肢粗壮，长度中等，蹄质结实。

波德代羊耐干旱、耐粗饲、适应性强，母羊难产少，同时早熟性好，羔羊成活率高。

（三）德国肉用美利奴羊

德国肉用美利奴羊适于舍饲半舍饲和放牧等各种饲养方式，是世界著名的羊品种。近年来我国由德国引入该品种羊，饲养在内蒙古自治区和黑龙江省。

德国肉用美利奴羊体格大，体质结实，结构匀称，头颈结合良好，胸宽而深，背腰平直，臀部宽广，肥肉丰满，四肢坚实，体躯长而深程良好肉用型。该品种早熟、羔羊生长发育快，产肉多，繁殖力高，被毛品质好。公、母羊均无角，颈部及体躯皆无皱褶。体格大，胸深宽，背腰平直，肌肉丰满，后躯发育良好。被毛白色，密而长，弯曲明显。

肉用美利奴在世界优秀肉羊品种中，唯一具有除个体大、产肉多、肉质好优点外，还具有毛产量高、毛质好的特性。是肉毛兼用最优秀的父本，体重成年公羊为 100~140 千克，母羊 70~80 千克，羔羊生长发育快，日增重 300~350 克，130 天可屠宰，活重可达 38~45 千克，胴体重 8~22 千克，屠宰率 47%~50%。具有高的繁殖能力，性早熟，12 个月龄前就可第一次配种，产羔率为

135%~150%。母羊保姆性好，泌乳性能好，羔羊死亡率低。

（四）大尾寒羊

大尾寒羊产于冀东南、鲁西聊城地区及豫中密县一带。产区为华北平原的腹地，属典型的温带大陆性季风气候，冬季寒冷干燥，夏炎热多雨。是我国北方小麦、杂粮和经济作物的主要产区之一。农作物一年两熟或两年三熟，为大尾寒羊提供较丰富的农副产品。野生牧草生长期长，绵羊可终年放牧。

大尾寒羊具有被毛同质性好，羔皮轻薄，肉质好，繁殖力强的特性。性情温顺，前躯发育较差，后躯比前躯高，四肢粗壮，蹄质结实。体重：成年公羊平均 72 千克，母羊 52 千克。羊毛品质：由细毛、两型毛及极少量粗毛组成。剪毛量：公羊为 3.8 千克，母羊为 2.7 千克。毛长按春季测定，公羊平均为 10.4 厘米，母羊为 10 厘米。被毛纤维类型重量比，细毛和两型毛占 95%。粗毛约占 5%。毛细度：肩部为 26 微米，体侧为 32 微米。净毛率为 45%。生产的羔皮洁白，有花穗结构，毛股有 6~8 个弯曲。屠宰率：成年羊为 62~69%，一岁羊为 55~64%o 成年母羊的尾脂重一般为 10.5 千克左右。产羔率为 190%。

（五）马头山羊

马头山羊原产于湖南及四川、贵州的武陵山一带，陕西、河南、重庆、江苏、浙江、江西等十余个省市均有少量分布，是国内山羊地方品种中生长速度较快、体型较大、肉皮兼用性能最好的品种之一。

马头山羊被毛全白、有光泽，毛短贴身、绒毛少，公羊颈部及四肢上部均有蓑衣毛。头清秀、略宽，均无角，形似马头；耳背平直略向前下倾斜。公、母羊皆有胡须，部分颚下有肉垂；颈短粗、宽厚，与肩部结合良好；胸宽而深，背腰平直，肋骨开张良好，腹圆大、紧凑，尻宽、略斜，臀部肌肉丰满，四肢短壮，体型长方。公羊睾丸圆大，左右对称，母羊乳房基部较大，乳头整齐明显。

成年公羊体重 43 千克、体高 62 厘米、体长 68 厘米、胸围

84 厘米。成年母羊体重 33 千克、体高 55 厘米、体长 62 厘米、胸围 76 厘米。哺乳至 3 月龄为生长快速期，公、母羔羊平均日增重分别为 83.89 克和 80.67 克；3~9 月龄为生长平稳期，公、母羊日增重分别为 76.33 克和 69.33 克；9~12 月龄为生长缓慢期，公、母羊日增重仅为 43.33 克和 28.88 克。

马头山羊肉质细嫩、膻味小、屠宰率高。宰前活重 40 千克，胴体重 22 千克，净肉重 20 千克。板皮厚薄均匀、弹性好、拉力强、油性足，纤维细致，革面细腻，通气透光；成年羊板皮平均厚 0.3 厘米，特级板皮面积达 8500 平方厘米，是皮革工业的优质原料。

性成熟较早，多在 10 月龄左右发情配种，一般利用年限为 2~4 年。母羊发情周期 20 天左右，持续 1.5~3 天，产后发情一般为 15~25 天，妊娠期 148~152 天，终年均可发情，但以春季 3~4 月，秋季 9~10 月发情配种较多。通常一年可产两胎，初产多为单羔，经产母羊多为双羔，个别可产 5 羔，平均成活率约 80%。

（六）德国肉用美利奴羊

德国肉用美利奴羊体格大，体质结实，结构匀称，头颈结合良好，胸宽而深，背腰平直，臀部宽广，肥肉丰满，四肢坚实，体躯育快，产肉多，繁殖力高，被毛品质好。公、母羊均无角，颈部及体躯皆无皱褶。体格大，胸深宽，背腰平直，肌肉丰满，后躯发育良好。被毛白色，密而长，弯曲明显。

肉用美利奴在世界优秀肉羊品种中，唯一具有除个体大、产肉多、肉质好优点外，还具有毛产量高、毛质好的特性。是肉毛兼用最优秀的父本。体重成年公羊为 100~140 千克，母羊 70~8。千克，羔羊生长发育快，日增重 300~350 克，130 天可屠宰，活重可达 38~45 千克，胴体重 8~22 千克，屠宰率 47%~50%。具有高的繁殖能力，性早熟，12 个月龄前就可第一次配种，产羔率为 135%~150%。母羊保姆性好，泌乳性能好，羔羊死亡率低。

（七）崂山奶山羊

崂山奶山羊主要分布在山东东部、胶东半岛及鲁中南等地区。

崂山奶山羊主要是利用引进的萨能山羊与青岛崂山等地的地方山羊杂交，经长期选育提高而育成的奶山羊品种。

崂山奶山羊毛色纯白，毛细短，皮肤呈粉红色，富弹性，成年羊头部、耳及乳房皮肤多有淡黄色斑。公母羊多无角，体质结实，头长额宽，鼻直、眼大、嘴齐，耳薄、较长、向前外方伸展。公羊颈粗短，母羊颈薄长。胸部宽广，肋骨开张良好，背腰平直，尻略向下斜。母羊腹大而不下垂，乳房附着良好，基部宽广，上方下圆，乳头大小适中。崂山奶山羊具有生长发育快、性成熟早等特点，1 岁时体重可达成年的 80%以上。

成年公羊体高 80~88 厘米、体重 80.1 千克，成年母羊相应为 68~74 厘米和 49.6 千克。当年母羔一般在 8 月龄以上、体重 30 千克以上即参加配种，公羔 3 月龄便有性欲，母羔 3~4 月龄、体重 20 千克左右开始发情。母羊平均产奶量 497 千克，选育群母羊平均产奶量一胎 400 千克以上，二胎 550 千克以上，三胎 700 千克以上，四胎以后逐渐降低。可利用 5~7 胎。发情旺季在 9~10 月，产羔率平均为 170%~190%。

崂山奶山羊对当地的生态环境有很好的适应性，应视为当地的宝贵品种资源，进行纯种繁育提高，或引进外来品种进行导入杂交，以提高品种质量。也可作为杂交亲本，进行羊肉等商品性生产。

（八）中国美利奴羊

中国美利奴羊是我国最好的细毛羊品种，它的生产性能已达到国际同类细毛羊品种的先进水平，体质结实，体型呈长方形，公羊有螺旋形角，母羊无角，色羊颈部有 1~2 个横皱褶或发达的纵皱褶，公、母羊躯干部均无明显的皱褶，被毛呈毛丛结构，闭合良好，密度大，有明显的大、中弯曲。中国美利奴羊适应于我国牧区以全年放牧为主，冬、春季节补饲的饲养条件。成年公羊平均体重为91.8 千克.母羊为 43.1 千克，成年羯羊屠宰率为 44.19%，净肉率为 34.78%，产羔率为 117%~128%。

经过在新疆、内蒙古、吉林三省区的四个育种场培育，羊毛品质均有提高，经试纺证明，羊毛理化性能和成品的各项指标，均达到55型和56型澳毛水平。十年来已推广种公羊4.9万只，可增加经济效益3.62亿元。三省区四场每年可提供种公羊1000只，每年提供优势羊毛300吨，产值约400万美元。特级成年母羊的性能，剪毛后体重45.84千克，剪毛量7.21千克，体侧部净毛率60.87%，毛长10.48厘米。

（九）关中奶山羊

关中奶山羊原产于陕西的渭河平原（又称关中盆地），现主要分布在关中盆地的富平、蒲城、泾阳、三原等8个奶山羊基地县。

关中奶山羊体质结实，乳用型明显，头长额宽，眼大耳长，鼻直嘴齐，毛短齐白。皮肤粉红色，部分羊耳、鼻、唇及乳房皮肤有大小不等的黑斑，老龄更甚，有的羊有角、须和肉垂。母羊颈长，胸宽，背腰平直，腹大不下垂，尻部宽长有适度倾斜。乳房大多呈方圆形，质地柔软，乳头大小适中。公羊头大颈粗，胸部宽深，腹部紧凑，外形雄伟，睾丸发育良好。

关中奶山羊成年公羊体高82厘米以上，体重65千克以上；成年母羊体高69厘米以上，体重45千克以上。在一般饲养条件下，优良个体平均产奶量一胎450千克、二胎520千克、三胎600千克、高产个体700千克以上，乳脂率3.8%。一胎产羔率平均130%，二胎以上产羔率平均174%。

（十）南江黄羊

南江黄羊被毛黄色，毛短而富有光泽，面部毛色黄黑，鼻梁两侧有一对称的浅色条纹，公羊颈部及前胸着生黑黄色粗长被毛，自枕部沿背脊有一条黑色毛带，十字部后渐浅；头大适中，鼻微拱，有角或无角；体躯略呈圆桶形，颈长度适中，前胸深广、肋骨开张，背腰平直，四肢粗壮。

南江黄羊成年公羊体重40~55千克，母羊34~46千克。公、母羔平均初生重为2.28千克，2月龄体重公羔为9~13.5千克，母羔为 8~11.5 千克。

南江黄羊初生至 2 月龄日增重公羔为 120~180 克，母羔为 100~150 克；至 6 月龄日增重公羔为 85~150 克，母羔为 60~110 克；至周岁日增重公羔为 35~80 克，母羔为 21~36 克歹南江黄羊 8 月龄羯羊平均胴体重为 10.78 千克，周岁羊平均胴体重 15 千克，屠宰率为 49%，净肉率 38%。

（十一）波尔山羊

波尔山羊原产于南非，被称为世界“肉用山羊之王”，是世界上著名的生产高品质瘦肉的山羊，是一个优秀的肉用山羊品种。具有体型大，生长快；繁殖力强，产羔多；屠宰率高，产肉多；肉质细嫩，适口性好；耐粗饲，适应性强；抗病力强和遗传性稳定等特点。

波尔山羊短毛，头部一般为红（褐）色并有广流星（白色条带），身体为白色，一般有圆角、耳大下垂。波尔山羊体躯结构良好四肢短而结实，背宽而平直，肌肉丰满，整个体躯圆厚而紧凑。波尔山羊繁殖性能优良，一年二胎或二年三胎，每胎平均 2~3 只左右。使用寿命长，生育年限为 10 年。波尔山羊屠宰率 52%以上，肉厚而不肥，肉质细、肌肉内脂肪少、色泽纯正、多汁鲜嫩。板皮质地致密、坚牢，可与羊皮相媲美。

成年波尔山羊公羊、母羊的体高分别达 75~90 厘米和 65~75 厘米，体重分别为 95~150 千克和 65~95 千克。屠宰率较高，平均为 48.3%。波尔山羊可维持生产价值至 7 岁，是世界上著名的生产高品质瘦肉的山羊。此外，波尔山羊的板皮品质极佳，属上乘皮革原料。

**三、羊的常用饲料**

羊是草食家畜，可采食的饲料，尤其是植物性饲料很多，按照行业分类，羊的常用饲料可分为八大类：青饲料、青贮饲料、粗饲料、能量饲料、蛋白质饲料、矿物质饲料、维生素饲料、添加剂饲料。

（一）粗饲料

凡天然水分含量在45%以下，干物质中粗纤维含量N18%的饲料都属于粗饲料，包括青干草、秸秆、秋壳、树叶类和糟渣类，在羊的饲料中占的比重大，通常作为基础饲料。

1.青干草

青干草是青草或其他青绿饲料植物在未结籽前刈割下来，经晒干或其他方法干制而成，是羊舍饲饲养或冬春补饲的重要草料。一般青干草含有85%~90%的干物质，优质干草呈绿色，柔韧，有芳香味，适口性好，并且含有较多的蛋白质和矿物质。

2.秸秆饲料

秸秆主要是农作物收获籽实后的副产品，种类多，资源极为丰富。其容积大，适口性差，粗蛋白仅占3%~8%，钙磷含量低。其中，玉米秸、麦秸、稻草最为常用，玉米秸和麦秸营养价值、适口性较差，稻草质地柔软，适口性好。

3.秋壳类饲料

常见的有稻壳、花生壳、豆荚、谷壳等，一般秋壳的营养价值高于秸秆。另外，花生壳、棉籽壳、玉米芯和玉米穗包叶等也常作为羊的饲料。

4.树叶类饲料

多数树木的叶子及嫩杈和果实，均可作为羊的饲料。其中，优质紫穗槐叶、槐树叶、松针等还是羊的蛋白质和维生素的很好来源。树叶虽为粗饲料，但蛋白质含量高，达干物质的20%以上。

5.糟渣类

为生产酒、糖、醋、酱油等的工业副产品，如醋渣、酒渣、甜菜渣、啤酒糟、白酒糟、豆腐渣等，都可以作为羊的饲料。

粗饲料的特点有：

（1）来源广，成本低粗饲料是羊十分重要和最廉价的饲料。在牧区，有广阔的草原牧场做后盾；在农区，每年有数亿吨的作物秸秆可利用，野草也随处可获。除栽培牧草和草原牧场改良需要一定投资外，干草的晒制和秸秆的利用并无多少投入，故深受农牧民的欢迎。

(2) 营养价值低粗饲料的营养含量一般较低，品质亦较差。以粗蛋白质含量比较，豆科干草优于禾本科干草，干草优于农作物副产品。有的作物的秧、蔓、藤及树叶与干草相当，甚至优于干草；作物的荚、壳略高于禾本科秸秆，以禾本科秸秆最低。

(3) 粗纤维含量高，适口性差，消化率低粗饲料的质地一般较硬，粗纤维含量高，适口性差，因此家畜对此类饲料的利用有限。但由于粗饲料容积较大，质地粗硬，对家畜肠胃有一定刺激作用，对羊而言，这种刺激有利于其正常反刍，是饲养过程中不可缺少的一类饲料。另外，粗饲料虽然营养价值低，但体积大，若食入适量，可使机体产生饱食感。

(二) 青绿饲料

自然水分含量大于60%的青绿多汁饲料为青绿饲料包，括天然草地牧草、栽培牧草、田间杂草、幼枝嫩叶、水生植物及菜叶瓜藤类饲料等。青饲料能较好地被家畜利用，且品种齐全，具有来源广、成本低、采集方便、加工简单、营养全面等优点，其重要性甚至大于精、粗饲料。青绿饲料水分含量高，干物质少，养分含量低，能量低，蛋白质含量较高，品质较好，有助于消化，羊对青饲料有机物质、粗蛋的消化率高达75%~85%。青绿饲草主要有苜蓿、红豆草、羊草、黑麦草、高丹草等。

青饲料的营养特点：

首先，蛋白质含量丰富。以干物质计算，青饲料中粗蛋白质含量比禾本科籽实中的还要多，例如苜蓿干草中粗蛋白质含量为20%左右，相当于玉米籽实中粗蛋白质含量的2.5倍，约为大豆饼的一半。不仅如此，由于青饲料都是植物体的营养器官，其中所含的氨基酸组成也优于禾本科籽实，尤其是赖氨酸、色氨酸等含量更高舟因此，青饲料的蛋白质生物学价值较高，一般为70%~80%，远远高于其他植物饲料。其次，富含多种维生素。青饲料富含有多种维生素，包括维生素B族以及维生素C、维生素E、维生素 K 等，特别是胡萝卜素，每千克青饲料中含有 50~80 毫克胡萝卜素，是各种维生素廉价的来源。

另外，体积大，水分含量高，适口性好。新鲜青饲料水分含量一般在 75%~90%，水生植物则高达 95%左右膏一方面，它是羊摄入水分的主要途径之一；而另一方面也反映了青饲料的营养浓度较低，特别是消化能每千克鲜重仅含 1250~2500 千焦。因此，仅以青饲料满足羊所有的营养是不够的。青饲料柔软多汁.纤维素含量较低，适口性好，能刺激羊采食量，而且由于其营养均衡，日粮中含有一定青饲料还能提高整个日粮的利用率。

青饲料还含有各种矿物质，其种类和含量因植物品种、土壤条件、施肥情况等不同而不同。青饲料的利用有一定季节性，春、夏、秋季生长茂盛，产草量高，应合理利用。此外，还应注意适时收获，晒制干草，以应冬季之需。

（三）青贮饲料

青贮饲料是指青饲料或农作物秸秆类在密封的青贮窖、塔、壕、袋中，利用乳酸菌发酵而制成的饲料。青贮饲料能基本保存原料的营养成分，尤其是蛋白质和维生素。青贮方法操作简便，可靠而经济，是解决羊常年均衡供应青绿多汁饲料的有效措施。

1.可以最大限度地保持青绿饲料的营养

物质一般青绿饲料在成熟和晒干之后，营养价值降低 30%~50%，但在青贮过程中，由于密封厌氧，物质的氧化分解作用微弱，养分损失仅为 3%~10%，从而使绝大部分养分被保存来，特别是在保存蛋白质和维生素（胡萝卜素）方面要远远优于其他保存方法。

2.适口性好，消化率高

青饲料鲜嫩多汁，青贮使水分得以保存。青贮料含水量可达 70%。同时在青贮过程中由于微生物发酵作用，产生大量乳酸和芳香物质，更增强了其适口性和消化率。此外，青贮饲料对提高家畜日粮内其他饲料的消化性也有良好作用。

3.可调济青饲料供应的不平衡

由于青饲料生长期短，老化快，受季节影响较大，很难做到一年四季均衡供应。而青贮饲料一旦做成可以长期保存，保存年限可达 2~3 年或更长，因而可以弥补青饲料利用的时差之缺，做到营养物质的全年均衡供应。

4.可净化饲料，保护环境

青贮能杀死青饲料中的病菌、虫卵，破坏杂草种子的再生能力，从而减少对畜、禽和农作物的危害。另外，秸秆青贮已使长期以来焚烧秸秆的现象大为改观，使这一资源变废为宝，减少了对环境的污染。

**四、精料**

羊生长发育快，日粮中除了供给一定的粗饲料外，还应补充富含能量和蛋白质的精料。精料由能量饲料、蛋白质饲料、矿物质饲料、饲料添加剂等组成。

（一）能量饲料

干物质中粗纤维含量小于 18%，粗蛋白小于 20%的饲料都属于能量饲料，包括谷实类和糠麩类?能量饲料是指粗纤维含量低于18%，蛋白质含量低于 20%的饲料，它是羊的主要能量来源。能量饲料主要包括禾谷类作物的籽实及其加工副产品，块根、块茎及其加工副产品等。

禾谷类籽实：主要包括玉米、大麦、燕麦和高粱等。它是羊精料的主要成分，可占配合精料的 40%~70%。其营养特点是淀粉含量高。

禾谷类籽实加工副产品：禾谷类籽实加工过程中产生大量副产品，如麦麬、米糠等都可作为羊饲料。这些糠麬类产品主要是籽实的种皮、湖粉层、少量的胚和胚乳，其粗纤维含量比籽实高，为 9%~14%，而能量较低。

（二）谷实类

这类饲料水分、粗纤维、蛋白质、必需氨基酸含量低，无氮浸出物含量高，矿物质含量不平衡，钙少磷多，B 族维生素含量较丰富，缺乏维生素 A 和维生素 D。

（三）糠麸类

糠麸是碾米、制粉加工的主要副产品，同原粮相比，因粗纤维含量较多，消化率比原粮低.

1.麦麸麦麸是小麦或大麦等在加工面粉时的副产品，其营养价值受出粉率影响，如果出粉率高，麦数的能量就会降低。麦联的粗纤维在 10%左右，粗蛋白质在 11%~15%，氨基酸比较平衡，矿物质含量丰富。麦魏质地蓬松、体积大，适口性好，又有助通便的功效，是羊的优良饲料原料。

2.米糠米糠俗称青糠或全脂米糠。米糠中含碳水化合物 30%~50%，含油高达 10%~18%，多为不饱和脂肪酸，羊消化能为 13.77 兆焦 / 千克，米糠富含 B 族维生素和维生素 E。由于米糠的不饱和脂肪酸含量较高，容易酸败，使用中注意不要保存时间太久。

3.块根、块茎类这类饲料主要包括胡萝卜、甜菜、甘薯、菊芋等，是一种多汁饲料，一般含水 75%~90%。从干物质的营养价值考虑，也属于能量饲料，富含淀粉和糖，粗纤维较少，羊消化能在 13.70 兆焦 / 千克左右。块根、块茎类饲料的胡萝卜素含量高，而其他维生素较低，钙、磷含量也低。由于块根、块茎的适口性也好，所以常用来喂羊，补充胡萝卜素。

（1）胡萝卜胡萝卜含水分高达 89%，所以生产中并不依赖它提供能量，而主要补充维生素，尤其在冬、春季节，它是羊最常用的多汁饲料。可以生喂，也可蒸煮后饲喂。

（2）甘薯又称红薯、白薯、地瓜、山芋等，是我国主要薯类之一。甘薯含水分 75%，淀粉含量较高，有一定能量利用价值。由于甘薯味甜，羊喜欢吃，但要注意甘薯的黑斑病，黑斑病的毒性酮会引起羊的喘气病，严重的会致死。

（3）甜菜依据干物质的含量，将甜菜分为饲用甜菜和制糖用甜菜两种。饲用甜菜的干物质含量较低，仅 12%，总的营养价值不高。注意甜菜叶中含有大量草酸，抑制钙的吸收，使用时须添加磷酸钙之类的物质用于中和。另外，甜菜最好要与其他饲料配合饲喂，以防腹泻。

(4) 马铃薯又名土豆，主产于我国北方地区，它是蔬菜、粮食作物，又是重要的饲料原料。马铃薯的水分含量为78%，淀粉含量与能量的利用价值类似甘薯。马铃薯中含有一种配糖体叫龙葵素，是有毒物质，注意马铃薯在贮藏中发芽变绿后，龙葵素会急剧增加，很容易导致羊的中毒。因此，在饲喂前必须将芽去掉。

(四) 其他能量饲料

1.油脂。油脂分为植物性油脂和动物性油脂，为高能量饲料，植物油脂在常温下为液体，又称作油，能量为一般碳水化合物的2.25倍。依据提取原料的不同常分为豆油、花生油、玉米油、棉籽油、亚麻油等。通常在牛、羊料中添加量较少，少量添加油脂除了补充能量外，一些脂肪酸对羔羊是必需的，在饲料配制中添加油脂有助于降低粉尘，提高羊的适口性。

2.糖蜜。糖蜜来源于制糖的副产品，呈黑褐色，是具有较高可溶性的碳水化合物，有甜味，适口性好，易消化。糖蜜的主要成分是糖，约占干物质的78%，蛋白质占7%~9%。目前，利用糖蜜中的高糖分含量，用来与蛋白质补充料如尿素相配，制成糖蜜—尿素合剂，尿素可提供蛋白质的氮源，供羊食用。如果将糖蜜与甜菜渣混合喂羊，可代替日粮中部分饼粕和粗饲料。

(五) 蛋白饲料

蛋白质饲料是指干物质中蛋白质的含量在20%~22%，粗纤维含量低于18%的饲料。蛋白质饲料在精料配方中比例低于能量饲料，但是它的营养价值十分丰富，是饲料配方必不可少的。羊的蛋白质饲料按来源分为植物性蛋白

植物性蛋白质饲料：常用的植物性蛋白质饲料主要指饼粕类，它是豆类和油类作物被提取油脂后的副产品，这就使得饼粕中蛋白质含量更高，另外饼粕中含有残留的油脂，也含有一定能量，所以饼粕的营养价值普遍较高。通常用压榨法榨油后的副产

品叫油饼，溶剂浸出油后的产品叫油粕。常用的饼粕如豆粕、豆饼、棉籽饼、亚麻饼、花生饼、菜籽饼、葵花饼等。一些油籽如花生、葵花包有外壳，加工前要脱壳，否则其饼粕的粗纤维含量会很高。

1.大豆饼、粕。现有的产品主要有大豆粕、去皮大豆粕和大豆饼。是我国目前使用量最多的、使用范围最广泛的植物性蛋白质饲料。大豆粕的品质也可谓饼粕中最优良的，表现在蛋白质的含量高而且主要氨基酸的组成平衡，消化率也高，大豆粕的粗蛋白质含量为 44%，去皮大豆粕的粗蛋白质达 47.9%，大豆饼为 41.8%。作为羊饲料，大豆粕除了蛋白质营养价值高外，其能量价值也不低，羊的消化能达 14.27 兆焦 / 千克。

在生产中，要使用熟度适中的豆粕，这样适口性会相当的好。我们从豆粕的颜色和咀嚼可判定其熟度，豆粕的色泽由淡黄到深褐色，色泽太浅为熟度不够，色泽过深表示加热过度。生大豆或生大豆饼、粕中含有抗营养因如果与尿素一同喂羊有可能引起氨中毒。

2.棉籽饼、粕。是棉籽经脱壳或部分脱壳去油后的加工副产品，其总产量也很大，为饼、粕中的第二位。棉籽在加工时脱壳多少决定了其饼、粕的营养价值，完全脱壳的棉子饼、粕的蛋白质含量在 40%以上，部分脱壳的蛋白质在 34%左右，而未脱壳的蛋白质仅有 22%。棉籽饼、粕的蛋白质中氨基酸组成特点是赖氨酸的含量偏低，而精氨酸相对较高。棉籽饼、粕的羊消化能低于豆粕，棉籽饼略高于棉籽粕，棉籽饼为 13.22 兆焦 / 千克，棉籽粕为 12.47~13.14 焦 / 千克。

在生产中，要注意棉籽饼、粕中含有棉酚，其中，游离棉酚对猪、鸡等畜禽有毒害作用，但是对牛、羊没什么毒性。不过在实际饲喂时，注意不要添加过多而影响适口性，另外，最好再添加些糖蜜类等，以增强适口性。

3.花生饼、粕。我国目前市场上的花生饼、粕基本上是脱壳后的产品，其蛋白质和能量都较高。脱壳的花生饼含粗蛋白质

44.7%，羊消化能 14.39 兆焦 / 千克，脱壳的花生粕含粗蛋白质 47.8%，羊消化能 13.56 兆焦 / 千克，花生饼、粕的氨基酸组成不够平衡，赖氨酸和蛋氨酸都较豆粕低，而其精氨酸是植物性蛋白质饲料中最高的。

由于花生饼、粕很容易染上黄曲霉，并且黄曲霉素对家畜的毒害作用也很大，因而，在生产中特别要注意花生饼、粕中的黄曲霉素。通常情况下，为保证生产安全，在日粮配方中所占的比例较低。

4.亚麻饼。又称胡麻饼，为亚麻籽去油后的副产品，主要产于我国的北方部分地区。亚麻饼含粗蛋白质 32.2%，羊消化能 13.39 兆焦 / 千克，富含 B 族维生素和微量矿物质元素硒，是天然的硒资源。亚麻饼中含有黏性的碳水化合物，可为羊的瘤胃微生物所利用，并在消化道吸收大量水分而通便。可以说，亚麻饼是羊的高品质蛋白质饲料来源。在生产中，从羔羊到成年羊均可利用亚麻饼，不过要注意用量过多会使体脂变软，尤其在商品羊育肥的日粮中要控制喂量。

5.菜籽饼。是油菜籽去油后的副产品。菜籽饼的粗蛋白质为 35.7%，羊消化能为 13.14 兆焦 / 千克，其蛋白质品质较好，接近大豆粕。菜籽饼中含有几种有毒有害物质，如硫葡萄糖苷（芥子苷）、芥子碱、单宁等。就其毒性而言，目前有几种脱毒的加工办法，可是菜籽饼除了有毒性之外，更常见的问题是影响采食量。像硫葡萄糖苷产生的异硫氰酸盐，具有辛辣的气味，严重影响羊的适口性，影响采食量，另外，单宁也会降低适口性。所以，在生产中严格限制菜籽饼的用量。

6.葵花籽饼。葵花籽饼因脱壳的多少，影响其营养价值高低，我国目前生产的葵花籽饼为部分脱壳或不脱壳，对于部分脱壳（壳仁比为 35∶65），其粗蛋白质为 29%，羊消化能为 8.79 兆焦 / 千克，其粗纤维高达 20%，实际已超过了蛋白质类饲料的分类规定，不过并不影响在羊日粮中的使用。

7.玉米蛋白粉。它是玉米除去淀粉、胚芽和玉米外皮后剩余的部分，大约为玉米原料的 5%~8%，色泽金黄，也有浅色的。玉米蛋白粉可按蛋白质含量分为 40%、50%和 60%不同蛋白质等级的产品，在氨基酸组成中，赖氨酸偏低，而蛋氨酸较高。

8.豆科籽。实用作羊饲料的主要指大豆籽实。大豆粕是我国目前使用量最多的、使用范围最广泛的植物性蛋白质饲料，而大豆也可以直接饲喂。大豆的蛋白品质好，含量低于大豆粕，为 35.5%，而能量相当高，羊的消化能达 16.4 兆焦 / 千克。在使用时炒熟，一方面增加羊的适口性，另一方面除去生大豆中含有的抗营养因子，能提高蛋白质的消化利用率，并防止与尿素一同喂羊有可能引起氨中毒。

动物性蛋白质饲料：王要指鱼类、肉类和乳品加工的副产品以及其他动物产品的总称。常用的有鸡蛋、鱼粉、肉骨粉、血粉、羽毛粉、蚕蛹、全乳和脱脂乳等。动物性饲料是高蛋白质饲料，一般含蛋白质在 50%以上。反刍动物一般很少使用动物性蛋白质饲料，但在波尔羊的泌乳、种公羊配种高峰期、杂交羊的育肥阶段，可适当补充动物性饲料。动物性蛋白质饲料的蛋白质含量高，品质好，必需氨基酸含量齐全又平衡，尤其是赖氨酸和蛋氨酸含量较为丰富，是优质的蛋白质饲料。钙、磷的含量高，比例较合适，B 族维生素的含量丰富。

非蛋白含氮饲料：用于羊的非蛋白含氮饲料是指简单的含氮化合物 b 非蛋白氮对瘤胃微生物提供合成微生物蛋白质所需的氮源，所以，它可用来作为羊的蛋白质补充饲料，代替部分蛋白质，以节约动、植物蛋白质原料。常用的非蛋白含氮饲料有纯尿素、饲料尿素、双缩脲、磷酸脲、磷酸氢铵、碳酸氢铵等。

(1) 尿素。纯尿素中含氮 46.7%，而饲用尿素中常加入一些载体，含氮量略低一些，为 42%~45%，因多数蛋白质含氮在 16%，所以按含氮折计，1 千克尿素相当于 2.6~2.8 千克的蛋白质，或是尿素的蛋白质当量为 260%~280%，如此推算，1 千克尿素相当于 6 千克的大豆粕。尿素味微咸苦，溶于水。尿素的生产应用早在几十年前就开始了，近 20 多年来已经得到普遍推广。

尿素在体内利用的机理主要是瘤胃的作用。瘤胃细菌能产生很强的脲酶，当尿素进入瘤胃后很快溶解，被脲酶水解成氨和二氧化碳。瘤胃微生物再将水解产生的氨合成微生物生长所需的氨基酸，最后形成菌体蛋白，然后，菌体蛋白被羊所利用。瘤胃中氨的利用效率与其释放速度有直接关系，当氨产生速度过快时，一部分氨通过瘤胃上皮由血液传到肝中再转化为尿素，最后进入尿中排出体外，这就造成尿素的浪费。所以，提高非蛋白含氮物的利用效率，关键是降低氨的释放速度和提高微生物利用氨的能力。

碳水化合物能给瘤胃微生物提供利用氨时所需的能量，其中纤维素提供能量的速度太慢，糖过快，淀粉适中。碳水化合物释放能量的速度直接关系到尿素的利用率，其中以淀粉加纤维素的效果最好。所以，在生产中以饲喂低质量的粗饲料为主的情况下，用尿素补充蛋白质时，补充适量的高淀粉精料可提高尿素的利用率。尿素的使用方法：最常用的方法是将尿素与精料均匀混合后饲喂。此外，还有将尿素制作成砖块甜食，加入青贮料中等。

尿素中毒：生产中对尿素使用不当，会引起羊的尿素中毒。中毒的根本原因是尿素的喂量过大，并且在瘤胃中分解为氨的速度过快，使瘤胃微生物来不及利用而进入血液，血氨过多导致中毒。

(2) 双缩脲。它是尿素的缩合产物，由尿素加热形成。双缩脲的含氮量为35%，蛋白质当量为21.9%。其特点是比尿素比较难分解，分解成氨的速度比尿素要慢，所以毒性较小。用双缩脲代替肉羊冬季日粮17%的蛋白质，增重效果明显超过尿素，与植物性蛋白质接近。不过双缩脲尚不得普遍应用，主要是成本更高。

(3) 异丁基二脲。是一种较新的非蛋白质含氮化合物，含氮32%。其特点是氨的释放速度较慢，使用比较安全，利用率高。并且，它在瘤胃内释放尿素的同时转化为异丁酸，为微生物提供生长的原料。因此，异丁基二脲的饲喂效果仅次于植物性蛋白质，优于尿素。

（4）磷酸氢二铵。易溶于水，含氮 19%~20%，磷 48%~50%。在生产中如果作为蛋白质补充料使用时，要注意用量不能过多，因为它的磷含量高，否则会导致钙、磷不平衡。所以，通常将磷酸氢二铵与尿素等混合饲喂。

（5）磷酸脲。市场上“牛羊乐”就是这类产品，是尿素和正磷酸通过加工生成的一种络合物。含氮量 17.7%，含磷 19.6%，为白色晶状粉，易溶于水。作为羊的营养添加及草料青贮防腐用。

（6）葡基尿素。是尿素和葡萄糖生成的一种络合物。为硬粒结晶物，易溶于水。其溶解和分解的温度都比尿素高，还具有良好的适口性。给羊的安全喂量显著高于尿素，向羊的日粮中加入该产品 2 倍于尿素的允许剂量时，未见引起中毒反应。

（六）非常规饲料

1.糟类

（1）酒糟。酒糟是酿酒的副产品，在我国的产量很高，价格较低，可以作为羊饲料。酒糟主要有白酒糟、啤酒糟和啤酒酵母等，具有一定的营养价值，其中蛋白质和无氮浸出物含量较高，粗蛋白质一般在 17%以上，而啤酒酵母的蛋白质达 50%左右。

使用酒糟要注意的问题：

①由于酒糟的营养特点，不得在日粮中配制比例过高，不应超过日粮的 1/3。

②饲喂的酒糟要新鲜。因为酒糟的含水量大，本身保鲜时间短，在高温季节更容易酸败而产生有毒物质。

③注意营养的平衡。酒糟的蛋白质含量较高，并且大部分为过瘤胃蛋白质，但是钙、磷含量低，比例又不合适，所以饲喂酒糟要注意补钙。

（2）酱油糟和醋糟。是酱油和醋发酵过程中所留下的残粕。酱油的原料主要是大豆、豌豆、麦数和盐等，醋的原料主要有麦数、高粱及少量碎末。酱油糟一般含水 50%，风干的酱油糟含水 10%，粗蛋白质 20%~30%，但由于含盐量高，在日粮中不超过 5%~7%。

醋糟一般含水 65%~70%，风干的醋糟含水 10%时，粗蛋白质9.6%~20.4%，粗纤维 15%~28%，并含有丰富的微量矿物质元素，一般在日粮中不超过 20%。

2.渣类

（1）豆腐渣。是以大豆为原料，经浸泡、磨制、凝固等方法制成的豆腐副产品。鲜渣含水 70%~90%，粗蛋白质 3.4%，风干渣含水10%，粗蛋白质 25%~33.6%，另有较高含量的粗纤维和脂肪，对鲜渣注意发生酸败。

（2）甜菜渣。是用甜菜制糖的副产品，是很好的牛、羊饲料。甜菜渣含水高达 90%，干物质中粗蛋白质 8.9%，粗脂肪 1.3%，粗纤维 19.5%，无氮浸出物 66.6%，钙 0.79%，磷 0.11%，镁 0.31%。近年来有研究认为，甜菜渣具有促进瘤胃纤维素分解菌生长的作用。

甜菜渣与秸秆搭配时，秸秆的消化率为 44%，与大麦搭配时，则降为 22%。由于干甜菜渣很容易吸水，吸水后体积膨胀 3~4 倍，饲喂量大时容易出现消化紊乱，所以在喂前应经过水泡。

（七）矿物质饲料

由于羊的粗饲料、主要精料原料中普遍缺乏一些矿物质元素，所以在配制羊的日粮时需要补充不同的矿物质元素，按照元素的需求量分为常量元素和微量元素，常量元素主要有钙、磷、钠、氯及镁；微量元素有铁、铜、锌、猛、碘、硒和钴。矿物质饲料有的是工业合成的，有的是天然的。常用的羊矿物质饲料有如下几种。

1.钙、磷源饲料

（1）石粉。又称石灰石粉，为石灰岩、大理石矿开采的产品，是目前主要的钙源饲料。主要成分为碳酸钙，含钙量 34%~38%。注意石粉中的有害物质如铅、汞、氟等含量不得超标。

（2）贝壳粉。是贝壳经粉碎的产品。主要成分为碳酸钙，含钙量在 34%~38%。

（3）磷酸氢钙。为白色或灰白色粉末，同时提供钙和磷的来源，是目前主要的钙、磷源饲料。钙、磷含量分别为 22.5%和 17.5%左右。

（4）骨粉。以家畜骨骼为原料经高压灭菌、粉碎而制成的产品。因原料来源不稳定、加工方法变化，骨粉中钙、磷含量变化较大。煮骨粉含钙 24%，磷约 10%；蒸骨粉钙 31%，磷约 15%。

（5）其他钙、磷来源的饲料还有碳酸钙、磷酸钙、过磷酸钙、蛋壳粉等。

2.食盐

食盐是生产中提供钠元素和氯元素最主要的饲料。也通常是羊日粮配方中必不可少的，一般在精料中占 0.5%~1%。

3.镁源饲料

羊和牛容易出现镁的缺乏，缺镁引起痉挛症状。口粮中的钾、氮、有机酸、钙、磷的含量影响羊对镁的吸收，这种情况多出现在采食青嫩牧草期间。为了防止缺镁痉挛症，除补充食盐和能量饲料，主要办法还是补充镁。常用的镁源饲料有硫酸镁、碱式碳酸镁和氧化镁。

（八）维生素饲料

维生素饲料是指工业合成或提纯的单一维生素、复合维生素，不包括含某项很高的天然维生素。羊是反刍动物，其瘤胃微生物能合成机体所需的 B 族维生素及维生素 K，所以，我们要重点考虑维生素 A、D、E 的添加。

1.维生素 A。维生素 A 的纯化合物是视黄醇，易氧化不稳定，所以它的产品为脂化产物。有维生素 A 醋酸脂、维生素 A 丙酸脂等。以维生素 A 醋酸脂使用最多，而且目前的维生素 A 醋酸脂还经过微胶囊或颗粒化的技术处理，其活性和稳定性有了很大提高。维生素 A 的活性用国际单位（IU）表示，常见维生素 A 的活性成分含量为每克 50 万国际单位。另外也有 20 万和 65 万国际单位的。

维生素A醋酸脂微粒为黄色至淡褐色颗粒，易吸潮，遇热、酸、太阳光后易分解，使活性降低，注意日常保管。

2.维生素D。维生素D有两种，即维生素和维生素D3，市场上最常见为维生素D3。

维生素D产品活性用国际单位（IU）表示，常见维生素D的活性成分含量为每克50万国际单位。另外也有20万国际单位的。维生素酯化后，又经明胶、糖和淀粉包被，稳定性好，产品为白色粉末。

3.维生素E。又名生育酚，对动物的生殖生理影响较大。维生素E产品多为生育酚醋酸脂，由于经过了酯化，经过包被处理，所以稳定性较好。生育酚醋酸脂产品的纯度多为50%，也有25%的。生育酚醋酸脂为黄色粉末。

（九）添加剂饲料

添加剂一般指配合日粮中的微量成分，旨在提高饲料的利用率，促进动物的发育、防治疾病，减少饲料在贮藏期间的营养损失，提高畜产品数量和改善畜产品的质量。依据功能不同，添加剂的种类繁多，广义上将添加剂分为营养性添加剂和非营养性添加剂。像维生素、微量矿物质元素饲料、氨基酸、非蛋白含氮物等可列为营养性添加剂，这些多在上述按饲料营养分类已作介绍。所以，以下主要介绍非营养性添加剂。非营养性添加剂有抗生素、激素、益生素、酶制剂、抗氧化剂、防霉剂、瘤胃缓冲剂、肉质改良剂等。

1.抗生素。是一种抑制微生物生长或破坏微生物生命活动的物质。目前常用的抗生素有莫能霉素、盐霉素、北里霉素、杆菌肽锌、金霉素等。

（1）莫能霉素又称瘤胃素，它在瘤胃中可抑制某些微生物，增加瘤胃中丙酸含量，可提高对粗纤维的消化能力，具有促进生长，改善饲料利用率的作用。莫能霉素产品的稳定性好，便于保存。

（2）盐霉素是一种抗球虫、抗菌能力很强的抗生素，对牛、羊都有明显的促生长效果。在牛的每吨饲料中加入 10~30 克，增加体重和提高饲料利用率 8%~10%0 盐霉素的安全性较好，残留少，产品稳定，加入饲料时在高温季节保存 4 个月的效价无变化。盐霉素不能与三乙酰竹桃霉素和太妙灵合用。市场上常见有盐霉素钠预混剂，含量为 10%、12%。

（3）杆菌肽锌是多肽类抗生素，为灰色粉末，苦味较轻，但仍有异性臭味，不溶于水，对热较稳定。细菌对杆菌肽锌产生的耐药性较慢，与其他抗生素之间没有交叉耐药性，与其他多种抗生素如金霉素、新霉素、青霉素、链霉素等有协同作用。杆菌肽锌具有高效、低毒和体内残留少的优点。作为饲料添加剂具有促进动物生长、提高饲料转化率和防治肠道细菌性感染疾病。在反刍动物中主要应用于幼畜，羔羊可参照犊牛用量，每吨饲料添加 10~100 克。常用的杆菌肽锌预混剂含量为 10%或 15%。另外，杆菌肽锌也常与硫酸黏杆菌素配合使用，具有很好的协同作用效果。

（4）黄霉素商品名为“富乐旺”，其作用除了抗菌，还能降低肠壁厚度，以至于促进营养物质在肠道的吸收，从而促进动物生长、提高饲料转化率。有报道，黄霉素用于肉羊，能使 pH 稳定在 6~7 的范围，促进分解淀粉和纤维素类微生物的生长，使纤维素的分解速度提高 15%。建议用量为每吨饲料添加黄霉素 10 克。

2.激素。激素是由机体某一部分分泌的一种特殊有机物。激素不是营养物质，但能促进动物的生长，几十年来，激素类促生长剂一度在畜牧业中得到广泛应用，显著地提高了畜禽生产效率，然而，由于畜禽体内残留问题可能不利于人的健康，一些激素被禁止使用，如兴奋剂、性激素等。

目前看好的激素为生长激素。据报道，用外源生长激素处理绵羊，提高了生长速度、饲料转化率和氮存留率。

3.益生素。又称生菌剂、微生态制剂、活菌制剂等。有人给益生素定义为：能够用来促进生物体微生态平衡的那些有益微生物或其发酵产物。它与抗生素的区别在于抗生素是直接杀灭或抑制有害菌的生长，而益生素则是在有益菌和有害菌的颉颃中，通过对有益菌的促生而使其在数量上占上风，从而间接对有害菌产生抑制。

(1) 益生素的种类依据菌种类型分为乳酸菌、芽孢杆菌和活酵母三类。乳酸菌的应用种类繁多，凡能分解糖类产生乳酸为主要产物的革兰氏阳性菌都为乳酸菌类，生产中主要应用的有双歧杆菌、嗜酸杆菌和粪链球菌；芽抱杆菌是一类好氧性生长菌；活酵母主要应用的有酿酒酵母和石油酵母。

(2) 益生素的主要功能与作用机理主要功能同其他添加剂.~样，即提高饲料利用率，促进动物的生长。主要作用机理，一是利用良性微生物群落占据致病菌的靶上皮细胞，产生一个对致病微生物不利的环境，从而防止肠道致病微生物的侵入；二是杀菌，大多数良性微生物在消化道内都可产生多种杀菌物质，像乳酸杆菌可产生足够数量的过氧化氢来抑制各种病菌的生长，生产乳酸等有机酸可降低病原菌对氧的利用率，并促进乳酸代谢活动，维持肠道内的 pH；三是中和肠毒素，像乳酸杆菌可以产生一种能中和大肠杆菌肠毒素的代十射物；四是防止毒性胺的合成；五是增强免疫作用；六是助消化作用。

(3) 益生素的使用益生素在牛、羊反刍动物生产中的应用要因幼畜和成年畜有所区别。新生牛、羊使用益生素的目的是调节肠道的 pH，就常用乳酸菌。

成年牛、羊的益生素添加种类较多，包括瘤胃及非瘤胃来源的细菌培养物以及细菌、酵母、真菌的混合产品，目前普遍使用的是米曲霉和啤酒酵母。

(4) 使用益生素要注意以下几点。

①要根据产品中的活菌数正确确定添加量，以确保其在微生物群落中的适宜比例。

②要与抗生素联合使用。在使用益生素之前，可先用抗生素

清理肠道，效果会更好。

③要根据先入为主的原则，在动物预期应激前超量使用，以利于优势菌落的形成。

（5）酶制剂是具有特殊催化功能的蛋白质。作为饲料添加剂，它能有效地消除饲料中抗营养因子，全面促进日粮养分的消化和吸收，从而提高动物的生长速度和饲料利用率。酶制剂作为蛋白质的一种微生物发酵的天然产物，迄今不能人工合成，所以没有毒副作用。饲料用酶近 20 种，主要为消化性酶。饲料酶制剂有单一种类的酶，也有几种酶组合而成的复合酶，目前饲料酶制剂主要为复合酶。主要的酶有如下几种。

①淀粉酶。主要的淀粉分解酶包括 α－淀粉酶和 β－淀粉酶、糖化酶、支链淀粉酶和异淀粉酶。α－淀粉酶和 β－淀粉酶将淀粉水解为双糖、寡糖和糊精，糖化酶水解双糖、寡糖和糊精，生成葡萄糖和果糖。

②蛋白酶。蛋白酶有酸性、碱性和中性之分，但饲用蛋白酶一般为酸性和中性的，其主要作用就是将饲料蛋白质水解为氨基酸。

③葡萄糖酶。葡萄糖在大麦、燕麦等谷物中的含量较多（3.2%~4.5%），其中 60%~70%可溶于水形成黏性凝胶而成为一种抗营养因子，抑制动物对营养物质的利用，α－葡萄糖酶就是水解 β－葡萄糖，降低肠道内容物的黏度，促进消化吸收。

④纤维素酶。包括三种酶，以分三步分解饲料中结晶纤维素，先将结晶纤维素分解为活性纤维素，再将活性纤维素分解为纤维二糖和纤维寡聚糖，最后分解为葡萄糖。

⑤半纤维素酶。包括木聚糖酶、甘露聚糖酶、阿拉伯聚糖酶和聚半乳糖酶等，主要作用是将植物细胞中的半纤维素水解为各种五碳糖，可降低半纤维素溶于水后的黏度。

⑥果胶酶。果胶是高等植物细胞壁的一种结构多糖，果胶酶可以分解包在植物表皮的果胶，降低肠道内容物的黏度，并促进植物结构的分解。

在生产中将某些酶进行组合制成复合酶，可以取得很好效果。酶制剂的使用方法：分为体内酶解法和体外酶解法。体内酶解法是将酶制剂直接添加到羊的日粮中，在体内发挥作用；体外酶解法是人为控制和调节酶所需的条件。在体外使酶与饲料充分反应，从而获得羊更好利用的饲料。

5.抗氧化剂

是指能够阻止或延迟饲料氧化，提高饲料稳定性和延长贮藏期的物质。目前常用的饲料抗氧化剂有乙氧基喹啉、羟基甲苯、维生素 E、抗坏血酸及其酯类或盐类化合物。其中，乙氧基喹啉是人工合成的产品，是公认首选的抗氧化剂，它从生产运输贮存直到体内消化的全过程进行抗氧化。乙氧基喹啉一般以喷雾法喷布于饲料中，可有效防止饲料中油脂和蛋白质氧化，并且能防止维生素变质。通常在配合料中添加量为每吨 50~150 克。

6.防霉剂

饲料加工、运输、贮藏中的任何环节都可能引起霉变，霉变是由霉菌在适宜的环境条件下引起的。霉变除了降低饲料营养价值，降低适口性，更重要的是霉菌在饲料中产生有毒物质，严重影响动物的健康。饲料中霉菌以曲霉属和青霉属为主，在这些霉菌中以黄曲霉菌和褐曲霉菌的毒素较大，其毒害比剧毒的氰化钾高过 10 倍。

防霉剂可以渗入霉菌细胞内，干扰或破坏细胞内各种酶系，减少毒素的产生和降低其繁殖力。现有的防霉剂产品有三类：

第一类是有机酸，如丙酸、山梨酸、苯甲酸、乙酸、脱氢乙酸和富马酸等。

第二类是有机酸盐或酯，如丙酸钙、山梨酸钠、苯甲酸钠、富马酸二甲酯等。

第三类是复合霉制剂，如除霉净等产品。

但考虑防霉效果和使用成本，有人通过对比试验认为，在梅雨季节且温度不太高时，如每年的 3~6 月，应选择富马酸二甲酯类饲料防酶剂；在非梅雨季节或温度较高时，如每年的 2~3 月和

7~9 月，则应选择有机酸（丙酸、双乙酸）及其盐类饲料防霉剂；其他月份两类都可以用。

使用防霉剂要注意两点：一是注意防霉剂的连续使用，可能使某些菌体易产生抗药性，所以防霉剂的使用要采用轮换式或互作式；二是饲料中 pH 对防霉剂有影响，pH 低，抗霉活力高。

7.瘤胃缓冲剂

目前的养羊业正在由传统放牧转向舍饲的养殖方式，养羊的生产效率要不断提高，尤其是要进行商品羊的快速育肥。这就必须提供高能量饲料，多会选用酸度大的青贮饲料、青草、禾本科籽实组成的日粮，容易出现粗纤维不足，这就会导致瘤胃内产生过多的酸性产物，pH 降低，结果是瘤胃微生物被抑制，严重的会引起～些疾病，如厌食、酸中毒、酮血病等。因而，要想极大地发挥羊的生长潜力，依据日粮的组成特点，有必要添加缓冲剂。常用的缓冲剂有碳酸氢钠、碳酸钙、碳酸镁、碳酸氢钾、氧化镁、氢氧化钙等。

## 四、羊饲料的加工与调制

### （一）青干草的加工调制

1.干燥方法

（1）地面干燥法。采用地面干燥法干燥牧草的具体过程和时间，随地区气候的不同而有所不同?调制干草包括以下干燥过程。

牧草在刈割以后，先在草场就地干燥 6~10 小时，使之凋萎，含水 40%~50%左右（茎开始凋萎，叶子还柔软，不易脱落），用毯草机楼成松散的草垄，使牧草在草垄上继续干燥 4~5 小时，含水 35%~40%左右（叶子开始脱落以前），用集草器集成小草堆，牧草在草堆中干燥 1.5~2 天就可制成干草（含水 15%~18%左右）。

（2）草架干燥法。在潮湿地区由于牧草收割时多雨。用一般地面干燥法调制干草，往往不能及时干燥，使得干草变褐、变黑、发霉或腐烂，因此在生产上可以采用草架干燥法来晒制干草。

用草架制干草时，首先把割下来的牧草在地面上干燥半天或

Id，使其含水量降至45%~50%，无论天气好坏，都要及时用草叉将草自上而下上架。最底层应高出地面，不与地面接触，这样既有利于通风，也避免与地面接触吸潮。在堆放完毕后应将草架两侧牧草整理平顺，这样遇雨时，雨水可沿其侧面流至地表，减少雨水浸入草内。

架上干燥可以大大提高牧草的干燥速度，保证干草品质，减少各种营养物质的损失。用此法调制的干草，其营养物质总获得量比地面干燥法多得多。

（3）高温快速干燥。它的工艺过程是将切碎的青草（长约25nnn）快速通过高温干燥机，再由粉碎机粉碎成粒状或直接压制成草块。这种方法主要用来生产干草粉或干草饼。

2.青干草的贮藏

青干草调制成后，必须及时堆垛和贮藏，以免散乱损失。一般堆垛贮藏的青干草水分含量不应超过18%，否则容易发霉、腐烂。另外，草垛应坚实、均匀，尽量缩小受雨面积。

为了保证垛藏的干草品质和避免损失，在干草的贮藏技术中须做到以下几点：

①草垛应用木栅或刺线围成圈，在四周挖蓄沟和打防火道，并经常注意做好四防（防畜、防火、防雨、防雪水）工作。

②对草垛要定期检查和做好维护工作，如发现垛形不正或漏缝，应当及时整修。

③注意垛内干草因发酵产热而引起的高温，及时采取散热措施，防止自燃。

为防止青干草在堆贮过程中因水分含量过高而引起发霉变质，要使用防腐剂。例如丙酸和丙酸盐、液态氨和氢氧化物（氨和钠）等。用量以丙酸为例，占草重的1%~2.5%。

（二）青贮

青贮是利用微生物的乳酸发酵作用，达到长期保存青绿营养多汁饲料的营养特性的一种方法。青贮过程的实质是将新鲜植物紧实地堆积在不透气的容器中，通过微生物（主要是乳酸菌）的厌氧发酵，是原料中所含的糖分转化成有机酸一主要是乳酸。当乳酸在清贮原料中积累到一定程度时就能抑制其他微生物的活动，并制止原料中养分被微生物分解破坏，从而很好地将原料中的养分保留下来。

1.青贮技术要点

(1) 排除空气：乳酸菌是厌氧菌，只有在没有空气的条件下下才能繁殖。因此在青贮的过程中原料切的越短，踩得越实，密封的越严越好。

(2) 创造适宜的温度：原料温度在 25~35℃，乳酸菌会大量繁殖，很快占主导优势，致使其他一切杂菌无法活动反之，若原料温度在 50℃以上时丁酸菌就会生长繁殖，使青贮料出现臭味，以致腐败。因此要尽量踩实排除空气，并缩短铡草装料过程。

(3) 掌握好水分：适宜于乳酸菌繁殖的含水量为 70%左右，过干不易踩时，温度易升高；过湿酸度大牲畜不爱吃。70%的含水量，相当于玉米植株下边有 3~5 片干叶，如全株青绿砍后可晾半天；青黄叶比例各半，只要设法踏实，不加水分同样可获成功。

(4) 选择合适的原料：乳酸菌发酵需要一定的糖分。青贮原料中含糖量不宜少于 1.0%~1.5%，否则影响乳酸菌的正常反之，青贮饲料的品质难以保证。对于含糖少的原料可以和含糖多的原料混合青贮，也可添加 3%~5%的玉米面或麦数单独青贮。

(5) 确定适宜时间：利用农作物秸秆青贮，要掌握好时机，过早会影响粮食生产，过迟会影响青贮品质。玉米秸秆的收贮时间，一看籽实的成熟程度，乳熟早，枯熟池，蜡熟正适时；二看青黄叶比例，黄叶差，青叶好，各占一半就嫌老。

2.青贮场地和青贮容器

(1) 青贮场地的选择。应选在地势高燥，排水容易，地下水位低，取用方便的地方。

(2) 青贮容器的选择。青贮容器种类很多，有青贮塔、青贮壕（大型养殖场多采用）、青贮窖（有长窖、圆窖）、水泥池（地下、半地下）、青贮袋以及青贮窖袋等。农户采用圆形窖和窖袋这两种青贮容器为好。

（3）青贮容器的处理。圆形青贮窖一般为深 3 米，上径为 2 米，下径 1.5 米，窖面刨光，暴晒两日后方可起用，或按塑料袋大小，挖一略小于袋的圆形窖，刨光壁面，晒干后备用。

3.青贮料的装填

（1）收运。将收获籽实后挖倒的玉米秆及时运到青贮窖房，收运的时间越短越好，这样既可保持原料中较多养分，又能防止水分过多流失

（2）切装。将窖房玉米秸切碎约 2~3 厘米长，在窖底先铺一层20 厘米厚的干麦草，把切碎的玉米秸装入窖内，边切、边装、边踏实。特别是窖的周边，更应注意踏实，直到装的高出窖面 20~30 厘米为止。

（3）封窖。窖装满后，上面覆盖一层塑料布，布上盖 30 多厘米厚的土层，密封。窖周挖好排水沟。

4.青贮饲料的调制

制作青贮的原料来源很广泛，一些无毒新鲜植物叶、秸秆、块根、块茎等都可以作为调制青贮料的原料。青贮饲料的调制方法主要有常规青贮、半干青贮和加入添加剂青贮三种方法。

1.常规青贮制成优良青贮料应当具备的条件是原料要有适宜的水分（60%~75%）、较高的碳水化合物含量（不规模化养羊新技术低于 1.0%~1.5%），调制过程中要求密闭的缺氧环境以及青贮窖内有适宜的温度（19~37℃）。

在建造青贮容器时，以小型为宜，因为小型的容易控制青贮质量，青贮密度可按 650~750 千克 / 平方米，每个容器以供应 10~20 天为宜。青贮容器的类型有青贮窖、青贮壕、青贮塔和塑料袋等。青贮建筑的基本要求是坚实、不透气、不漏水、不导热，高出地下水位 0.5 米以上，内壁光滑、垂直或上小下大，底面四角为圆形。壕（窖）应选择在地势高燥，地下水位低，土质坚实，易排水和距羊舍较近的地方。

（1）青贮原料的收割时期整株玉米青贮在乳熟至蜡熟期收割；玉米秆青贮在玉米成熟而茎叶尚保持绿色时收割；红苕藤青贮在霜前收割；天然牧草在盛花期收割。

（2）青贮原料的侧短、装填与压紧青贮原料侧短或粉碎成2~3厘米。装填时，若原料太干，可加水拌湿或加入含水量较高的青绿饲料；若水分含量太高，可加入侧短的秸秆，再加入1%~2%的食盐。装填前，在底部铺10~15厘米厚的秸秆，然后分层填装青贮料，每装15~30厘米，必须压紧一次，可以采用多人踩实或者夯实的方法，特别注意压紧四周。

（3）青贮的封顶装填的青贮原料要高出窖（壕）上沿1米左右，在上面覆盖一层较厚的塑料薄膜，覆土30~50厘米。封顶后要经常检查，若有下陷或出现缝隙的地方应及时培土。四周应设排水沟和围栏，禁止羊只、小孩等踩踏池顶。

半干青贮又叫低水分青贮，是将青贮原料的水分降到40~50%，使微生物细胞处于干燥状态，抑制微生物的生化活动，在厌氧条件下，防止好氧微生物对原料中养分的过度分解和破坏。这种方法可以将不适宜作青贮原料的豆科青饲料，制成优良的青贮料。

半干青贮时首先应将刈割下的青饲料晾至半干状态，使水分含量降至50%左右，然后再测碎、压实、封埋。半干青贮制作中一般要求比一般青贮更高的密封条件。

加入添加剂青贮在青贮原料中添加一些物质来提高青贮制备的质量。加入到青贮料中的物质主要有两类：一类是有利于乳酸菌活动的物质，如蜜糖、甜菜和乳酸菌抑制剂等；另一类是防腐剂，如甲酸（一般添加量为0.3%~0.5%）、丙酸、亚硫酸、甲醛等。此外，还可以在蛋白质含量低的青贮料中添加尿素（0.5%~1.0%），将氨化与青贮相结合（氨化—青贮法），可以提高饲料中粗蛋白质的含量。

### （三）秸秆的处理

利用人工、机械、热和压力等方法，将秸秆的物理性状改变，把秸秆切短、撕碎、粉碎、浸泡和蒸煮软化等都是物理学方法。

1.碱化处理

用氢氧化钠、氨水、石灰水和尿素等碱性化合物处理秸秆，都属于碱化处理。用碱性化合物处理秸秆可以打开纤维素和半纤维素与木质素之间对碱不稳定的酯键，溶解半纤维素和一部分木质素，使纤维膨胀，从而使瘤胃液易于渗入。强碱如氢氧化钠可使多达 50%的木质素水解。化学处理不仅可以提高秸秆的消化率，而且能改进适口性，增加采食量，是目前生产中较为适用的一种秸秆预处理方法，其中以氨化处理更为成熟，已在生产中普遍应用。

2.秸秆氨化技术

秸秆氨化就是在密闭的条件下，用尿素或者液氨等对秸秆进行处理的方法，氨的水溶液氢氧化铵呈碱性，由于碱化作用可以使秸秆中的纤维素、半纤维素与木质素分离，引起细胞壁膨胀，结构变得疏松而易于消化；另一方面，氨与秸秆中的有机物开成醋酸铵，这是一种非蛋白氮化合物，是反刍动物的瘤胃微生物的营养源，它能与有关元素一起进一步合成菌体蛋白质，而被动物吸收，此外，氨还能中和秸秆中潜在的酸度，为瘤胃微生物的生长繁殖创造良好的环境。

秸秆氨化处理依采用的氮源不同而有以下三种方法：

(1) 液氨氨化法将切碎的秸秆喷适量水分，使其含水量达到 15%~20%，混匀堆垛，在长轴的中心埋入一根带孔的硬塑料管，以便通氨，用塑料薄膜覆盖严密，然后按秸秆重量的 3%通入无水氨，处理结束，抽出塑料管，堵严。密封时间依环境温度的不同而异，气温 20℃为 2~4 周。揭封后晒干，氨味即行消失，然后粉碎饲喂。

(2) 氨水氨化法预先准备好装秸秆原料的容器（窖、池或塔等），将切短的秸秆往容器里放，按秸秆重 1：1 的比例往容器里均匀喷洒 3%浓度的氨水。装满容器后用塑料薄膜覆盖，封严，在 20℃左右气温条件下密封 2~3 周后开启（夏季约需 1 周，冬季则要 4~8 周，甚至更长），将秸秆取出后晒干即可饲喂。

（3）尿素氨化法由于秸秆中含有尿素酶，将尿素或碳酸氢铵与秸秆贮存在一定温度和湿度下，能分解出氨，因此使用尿素或碳酸氢镂处理秸秆均能获得近似的效果。方法是按秸秆重量的 3%加进尿素，首先将 3 千克尿素溶解在 60 千克水中，均匀地喷洒到 100 千克秸秆上，逐层堆放，用塑料膜覆盖，也可利用地窖进行尿素氨化处理切碎了的农作物秸秆，具体方法同液氨处理，只是时间稍长一些。在尿素短缺的地方，用碳酸氢铵也可进行秸秆氨化处理，其方法与尿素氨化法相同，只是由碳酸氢铵含氨量较低，其用量须酌情增加。

研究结果表明，液氨氨化法和尿素氨化法处理秸秆效果最好，氨水和碳铵效果稍差。用液氨氨化效果虽然好，但必须使用特殊的高压容器（氨瓶、氨罐、氨槽车等），从而增加了成本，也增加了操作的危险性。相比之下，尿素氨化不仅效果好，操作简单、安全，也无需任何特殊设备，适合于千家万户使用。

3.生物处理

秸秆的生物加工处理方法有 2 种，即秸秆发酵处理和酶一酵母加工处理。实践证明，用生物法处理秸秆，可是品位和营养价值的以改善，各种 B 族维生素含量增加。秸秆微贮成本低，效益高，可以有效的提高羊的菜食量，节约粮食，提高饲草利用率，并且由于微生物贮存适宜温度范围广，几乎不受时令限制，不与农时季节争时间，便于在广大农村推广。

（1）秸秆发酵处理对秸秆饲料发酵处理，一般采用 2 种方法，一种是将含糖物质（糖蜜或粉碎的甜菜）加在碎秸秆上，通过掺入过磷酸钙和尿素来培养酵母；另一种就是先对纤维素进行水解，然后再进行发酵，在分别加以简要介绍。

①掺入酵母发酵法：先将粉碎的秸秆用热水浸湿并掺入酵母，分层装入木箱或塑料袋中，置于 24~26℃的条件下，发酵 12 小时以上。采用此法，原理是使盐溶液在温度 100~105℃和较高

压力下，作用于秸秆，使部分纤维转化为糖类。将加工处理过的秸秆冷却到32~35℃，然后加入发酵剂（均占秸秆重的3~5%）进行拌和，在27~30℃的温度下发酵2昼夜即可。

②掺糖类物质发酵法：将500~600毫升水注入容器3~7立方米的贮罐中，通过蒸汽，将水加热到60~65℃，然后，在将秸秆装入贮罐。如贮罐可容纳1吨饲料，则经过粉碎的秸秆数量不应超过混合物重量的30%~35%，其余65%~70%应为掺入的含淀粉或糖类的粉碎饲料，如谷物、糖用甜菜和糖蜜等。此外贮罐中还应加入过磷酸钙和硫酸氨的萃取物，以及10~15千克的麦数和0.2~0.3升浓盐酸。待上述工序完成后，将混合饲料用搅拌器拌匀，同入蒸汽，使混合料在80~90%时保持1.5~2小时，然后在28~30℃下通风冷却，在按贮罐中内容物的重量加入5%~8%的发酵剂，并仔细搅拌，每隔2~3小时一次，这样经过9~12小时，饲料就可以饲用了。

（2）秸秆饲料酶——酵母加工处理是用酵母菌将秸秆进行发酵处理，已产生酵母发酵饲料的一种秸秆调制方法。这种方法在拥有饲料车间和配备有搅拌和蒸煮设备的畜牧场均可使用。因处理秸秆是不使用具有侵蚀性质的化合物，因而无需采用任何特殊的防腐设备。具体方法如下：

先将切碎的500~700千克秸秆送入搅拌—蒸煮设备中（定额为1800~2000千克），启动搅拌器，并依次加入10~15千克尿素、10千克的磷酸二铵、10千克的磷酸二氢钙和10千克的食盐。之后继续加料，并每隔5~10分钟给搅拌、蒸煮容送一次蒸汽，直到加料工序结束，使饲料混合物在90~100℃的条件下蒸煮50~60分钟。在此期间，搅拌器应每运转10~15分钟间歇一次，这样便达到了高温灭菌和饲料与各种矿物质盐及添加剂充分混匀的目的，并能使尿素分解产生氨气，使纤维进一步得到破坏。

高温灭菌后为防酶失活应用自来水或空气将混合物冷却50~55℃以下，然后再按每吨秸秆5千克的比例，向搅拌机中加入各种酶制剂。发酵应持续2小时，其间搅拌机酶运转10~15分钟间歇 10 分钟，发酵结束时，混合料中的温度应降至 28~32℃。此时，在向搅拌机内加入 100~150 升的“面包乳”。面包酵母的用量，应按每吨干秸秆 5 千克计算。

制取“面包乳”的方法：每 4.5~5.0 吨秸秆混合料应用 30~40 千克的蕤皮或面粉或用 20 千克糖蜜，将其拌入 100~150 升热水中，在 28~32℃的条件下，向这种液体混合物中按 4：1 的比例加入 10 千克的面包酵母和 0.5 千克的酶制剂，充分搅拌后充分曝气，以强化酵母生长。

在饲料混合物 2 个小时的发酵处理过程中，酵母菌的生物量将会大幅度增加，混合料中的单糖和矿物质添加剂使酵母菌赖以生存的营养。当秸秆混合料中糖分浓度降低时，便会重新激化酶的催化作用，从而可以加强对秸秆纤维素的进一步水解。采用这种方法制成的饲料，当水分含量为 65%~70%时，每千克中含有 0.28~0.32 个饲料单位，每千克干饲料重，则含有 0.8 个饲料单位。新加工处理的饲料具有禾本科牧草青贮料的稠度和面包香味，稍具酸味，饲料中蛋白质和纤维素的消化率可分别提高到 80%和 85%，与谷物饲料水平相当。

秸秆的切短、粉碎及软化把秸秆切短、撕裂和粉碎、湿水或蒸煮软化等，都是人们所熟知的处理作物秸秆用以养畜的办法。这些方法在我国农村早已证明是行之有效的，正如农谚所说的：“寸草側三刀，无料也上膘。”切短粉碎及软化秸秆，有助于羊的咀嚼，提高秸秆的适口性，采食量和利用率。秸秆的切短的适宜程度因家畜的种类、年龄的不同而不同。对羊来讲，一般以 3~4 厘米为宜，量少用側刀切，量大时用側草机。秸秆的粉碎、蒸煮软化、都可以使秸秆的适口性得到改善，但是同切短的一样，它们都不能提高秸秆的营养价值。

秸秆粉碎后压粒成型颗粒饲料通常使用动物的平衡饲料制成的。目的是为了便于机械化饲养或自动饲槽的应用并减少浪费。由于粉尘减少、质地硬脆、颗粒大小适中，利于咀嚼和改善适口性，从而诱使家畜提高采食量和生产性能。单纯的粗饲料经粉碎后制成颗粒饲料在国外已很普遍。随饲料加工业和秸秆畜牧业的发展，我国在秸秆等粗饲料经粉碎处理后压粒成型方面会有较大进展。颗粒饲料的大小因畜种的不同而有差异，对羊而言一般以6~8 厘米为宜。

秸秆的揉搓处理将秸秆直接切短后饲喂牲畜，吃净率只有70%，虽然提高了秸秆的适口性和采食量，但吃净率仍有较大程度的浪费。使用揉搓机将秸秆揉搓成条装直接喂羊，吃净率可达到90%以上。使用揉搓机将秸秆揉搓成柔软的丝条状后进行氨化，不仅氨化效果好，而且可进一步提高吃净率。秸秆揉搓机的工作原理是将饲料送入料槽，在锤片及空气流的作用下，进入揉搓室，受到锤片、定刀、斜龄板及抛送叶片的综合作用，使饲料切短，揉搓成丝条状，进出料口送出机外。

羊的种类、年龄的不同而不同。对羊来讲，一般以 3~4 厘米为宜，量少用侧刀切，量大时用侧草机。秸秆的粉碎、蒸煮软化、都可以使秸秆的适口性得到改善，但是同切短的一样，它们都不能提高秸秆的营养价值。

秸秆粉碎后压粒成型颗粒饲料通常使用动物的平衡饲料制成的。目的是为了便于机械化饲养或自动饲槽的应用并减少浪费。由于粉尘减少、质地硬脆、颗粒大小适中，利于咀嚼和改善适口性，从而诱使家畜提高采食量和生产性能。单纯的粗饲料经粉碎后制成颗粒饲料在国外已很普遍。随饲料加工业和秸秆畜牧业的发展，我国在秸秆等粗饲料经粉碎处理后压粒成型方面会有较大进展。颗粒饲料的大小因畜种的不同而有差异，对羊而言一般以6~8 厘米为宜。

秸秆的揉搓处理将秸秆直接切短后饲喂牲畜，吃净率只有70%，虽然提高了秸秆的适口性和采食量，但吃净率仍有较大程度的浪费。使用揉搓机将秸秆揉搓成条装直接喂羊，吃净率可达到 90%以上。使用揉搓机将秸秆揉搓成柔软的丝条状后进行氨化，不仅氨化效果好，而且可进一步提高吃净率。秸秆揉搓机的工作原理是将饲料送入料槽，在锤片及空气流的作用下，进入揉搓室，受到锤片、定刀、斜龄板及抛送叶片的综合作用，使饲料切短，揉搓成丝条状，进出料口送出机外。

（四）精饲料的加工调制

精饲料中的营养物质一般来讲由于消化率高，适口性好，加工的意义并不大。但对于籽实的种皮、颖壳、糊粉层的细胞壁物质、淀粉的性质以及某些抑制性物质如抗胰蛋白酶等，仍然影响着这类饲料物质的利用，因此，加工调制仍属必要。

1.机械加工

（1）磨碎与压扁质地坚硬或有皮壳的饲料，喂前需要磨碎或压扁，否则难以消化而由粪中排出，造成浪费。羊喂整粒玉米，就会出现这种现象。但也不必磨得太细，以碎到直径 1~2 毫米为宜；

（2）湿润及浸泡湿润一般用于尘粉多的饲料，而浸泡多用于硬实的籽实或油饼，使之软化或用于溶去有毒物质。

对磨碎或粉碎的精料，喂羊前，应尽可能湿润一下，以防饲料中粉尘多而影响羊的采食和消化，对预防粉尘呛人气管而造成的呼吸道疾病也有好处。对于豆饼，喂羊前必须浸泡，否则由于其坚硬，羊无法嚼碎。如果将豆饼或黄豆浸泡后磨成豆浆，用以饲喂犊羊，则效果更好。

（3）焙炒焙炒可使饲料中的淀粉部分转化为糊精而产生香味，将其磨碎后撒在拌湿的青饲料上，能提高粗饲料的适口性，增进羊的食欲。

2.饲料颗粒化饲料的颗粒化，就是将饲料粉碎后，根据家畜的营养需要，按一定的饲料配合比例搭配，并充分混合，用饲料压缩机加工成一定的颗粒形状。颗粒饲料属全价配合饲料的一种，可以直接用来喂羊羊。饲料颗粒化喂羊羊有以下优点：

（1）饲喂方便，有利于机械化饲养。

（2）饲养上的科学研究成果能及时得到应用。

（3）颗粒饲料适口性好，咀嚼时间长，有利于消化。

（4）可以增加采食量，且营养齐全，能防止产生营养性疾病。

(5) 能充分利用饲料资源，减少饲料损失。

颗粒饲料一般为圆柱形，喂羊时以直径4~5毫米、长10~15毫米为宜，喂羊时以直径2~3毫米、长8~10毫米为宜。

精饲料的调制禾谷类（如小麦、稻谷、玉米、高粱、燕麦等）和豆类（大豆、花生、棉籽、菜籽、芝麻等）籽实被覆着颖壳或种皮，不能直接饲喂。如果精料单独饲喂时，须压成片状或粉碎成较大的颗粒，若制成较细的粉状则羊不喜食。如果精料与粉碎的粗饲料混合喂给时，可以3.提高适口性，增加采食量。

（五）棉籽饼和菜籽饼去毒

豆类和油饼类饲料（豆饼、棉仁饼粕、菜籽饼等）必须经过前处理，才能作为精料喂羊。豆类必须煮熟或炒熟，以破坏其中的抗营养因子，然后再加工调制。浸提法所生产的油饼类，未经高温处理，须脱毒处理后才能作饲料。

1.棉籽饼（粕）的脱毒处理

棉籽饼粕是棉籽用机械或溶剂提取油以后的副产品，是一种重要的蛋白质资源。其含有丰富的可消化粗蛋白质和可消化碳水化合物，赖氨酸含量与豆类蛋白质接近（但比豆饼低），蛋氨酸含量已接近豆饼中蛋氨酸水平。但由于其含有有毒成分游离棉酚，需要经过加工去毒方可用作饲料。

棉籽饼粕去毒方法：

（1）硫酸亚铁去毒

将硫酸亚铁制成1%的水溶液浸泡粉碎的饼粕，中间搅拌数次，经24小时后即可饲用，此法可使80%左右的棉酚被破坏，但在夏季高温季节不宜使用此法；二是在榨油工艺的蒸料工序，加入雾化的硫酸亚铁，可达到较好的脱毒效果。注意，作为脱毒剂的硫酸亚铁必须纯净，可使用饲料级的，并应保存在密闭、防潮、深色避光的容器内。另外，注意铁在日粮中的浓度不要超过羊的最高限量，否则会引起铁过剩。

(2) 硫酸亚铁+石灰水浸泡去毒

石灰水中的钙可促进棉酚和铁的复合物从溶液中析出。具体做法是按硫酸亚铁：游离棉酚 =5：1（重量比）的比例向饼粕中加入硫酸亚铁粉末，混匀；然后加入 0.5%的石灰水上清液（饼水重量比为 1：5~7），浸泡 2~4 小时，最后将已浸泡过的棉籽饼拌入其他饲料中；也可将已加铁剂的棉籽饼用 1%石灰水拌湿(饼：石灰水 =1：1)，放置在水泥场面上晾干。此法可使游离棉酚含量高的棉籽饼去毒 85%左右，使棉酚含量低的去毒 60%~70%。

(3) 生物脱毒法

选择合适的微生物对棉籽饼进行处理，通过微生物对棉酚的转化降解达到去毒的目的。利用微生物发酵脱毒可使棉籽饼粕脱毒率达 78%以上，经脱毒的棉饼粕游离棉酚含量均下降到 0.01%以下，达到规定的安全饲用标准，可直接用于畜禽饲料。且发酵过程中还生成微生物蛋白和维生素，提高饼粕的营养价值。

2.菜籽饼（粕）的加工调制措施

菜籽饼粕是油菜籽榨油后的副产品。其营养价值高，蛋白质含量达 40%左右，氨基酸组成较平衡，含硫氨基酸含量高是其突出特点，可作为羊的蛋白质饲料来源。但菜籽饼粕中含有芥子苷(又叫硫葡萄糖苷)，其水解后的产物为异硫割酸酯、噁唑烷硫酮、硫割酸酯和睛等，这四种产物有毒具有刺激性气味和苦味，因而限制了其在饲料中的用量。通过去毒处理，可提高其饲用价值。

(1) 热处理法

要包括干热处理、湿热处理、压热处理和蒸汽处理四种。热处理法的原理是高温可使芥子酶失活，从而不能降解硫葡萄糖甘。

(2) 水浸法

硫葡萄糖昔具有水溶性，用时浸泡可脱毒。按水：饼 =1：4 的比例，将菜籽饼浸泡在 38℃左右的温水中发酵 24 小时，然后滤掉浸泡水，再用清水冲泡 2 次即可饲用。

（3）坑埋法

选择向阳、干燥、地温较高的地方挖宽 1 米，深 1 米，长度按饼粕数量决定的长方形坑，底部铺上青草，将菜子饼粉碎，按饼：水 =1：1 比例加水拌匀，装进坑内，将口封严，埋置 2 个月后即可饲用。该法操作简单，成本低，脱毒效果好（脱毒率可达 89%）。

（4）硫酸亚铁法

可直接与硫葡萄糖苷生成无毒的螯合物，还可与其降解产物异硫氰酸酯和噁哩烷硫酮等形成无毒产物，但上述反应需在碱性条件下进行。通常使用 20%的硫酸亚铁溶液，可直接喷入粉碎的饼粕中，也可在脱油工序中喷入。

（5）氨、碱处理法

氨可与硫葡萄糖苷反应，生成无毒的硫脲。具体做法是：以 100 份饼粕加氨水（含氨 7%）22 份，均匀喷洒到饼粕中，然后密封 3~5 小时，再放进蒸笼中蒸 40~50 分钟，然后再炒干或晾干，即可饲喂。碱处理多采用纯碱（如碳酸钠），可破坏硫葡萄糖苷和绝大部分的芥子碱，具体做法是：每 100 份饼粕加纯碱溶液（含纯碱 14.5%~15.5%）24 份，以下同氨处理法，该法脱毒率可达 60%。

（6）醇类水溶液处理法

菜籽饼中的硫葡萄糖苷和单宁均溶于醇类溶剂。常用乙醇和异丙醇的水溶液来处理。此法可很好地提取抑制饼粕中的硫葡萄糖苷和单宁，还能抑制芥子酶的活性。

## 五、羊的饲养管理

### （一）羊的饲养方式

绵、山羊具有较强的适应性，在我国广阔的幅员上几乎都有各类羊的分布。由于不同的纬度、海拔、地势以及其他自然因素和社会环境因素的影响，草原、草山、草坡分布的不均衡以及生活习惯等的不同，分别形成了牧区、半农半牧区、农区等耕作方式。羊的饲养也相应形成了放牧、半放牧半舍饲和舍饲等方式。

1.放牧饲养

放牧饲养是一种比较原始而粗放的饲养方式，在地广人稀的天然草原地区、丘陵地区或高山地区等地采用。羊群全年靠放牧，很少补饲。这种饲养方式，不需要任何设备，节省人力、物力，饲养成本低，在草场面积较大的情况下，饲养规模可达到每群200~500只。但这种饲养方式管理粗放，羊只的奶山羊的饲养管理生长随着牧草的季节性生长和枯萎呈现由肥到瘦的交替变化，生产的水干低见这种“靠天养畜”的饲养方式，容易受季节、气候等因素的影响发生草畜矛盾，过度放牧还会破坏草场。此法一般适合于在牧草较茂盛的夏、秋季对不作种用的公羔、淘汰羊等进行短期的育肥。如果能够合理规划利用草场，并结合贮草、草场改良和补饲，放牧饲养也能收到较好的经济效益。

2.半放牧半舍饲

这种饲养方式也较简单、灵活，既适合农区，也适合于半农半牧区，结合当地实际情况.饲养的规模也可灵活调整。羊舍修建在离牧地较近的地方，农户将养羊与种田相结合。白天放牧路边、田边、河滩或山坡或栓系放牧，晚上根据白天放牧的情况补饲干草、精料或农副产品。这种饲养方式，羊只既得到了运动和充足的营养，也利用了农副产品，降低了伺养成本，适宜于小家庭饲养。

3.舍饲（圈养）

舍饲是城市工矿区、城郊区和农业发达而土地资源有限的地区采用的一种饲养方式。常采取规模化、集约化的生产体系，要求从圈舍的设计、羊只品种的选择、繁殖、饲料、饲养、防疫到产品的生产，都要有高的起点，实行科学的管理。这种饲养方式除了每天补饲精料以外，饲草的来源一靠人工种植优质、高产的牧草晒制干草，加工成草粉。二是利用农作物秸秆、农副产品，进行青贮、氨化或微贮处理。目前，在一些地区为了防止片面追求经济效益造成草场的过度放牧，保护生态环境，同时又满足人们对羊肉的需求，在一些大、中城市的郊县已经采用了这种饲养方式，实行工厂化羊肉生产。

（二）育成羊的饲养管理

育成羊是指从断奶后到第一次配种的幼龄羊，一般在6~18月龄之间口这一阶段羊的骨骼和器官发育很快，如果饲养不良，生长发育受阻，就会影响其终生生产性能的发挥。

羔羊断奶后，公、母羔应分群放牧和饲养。断乳时不要断料和突然更换饲料，待羔羊安全度过断奶应激期以后，再逐渐改变饲料。在饲养上，必须注意增重这一反映生长发育程度的指标，每月要定期抽测体重，以检查全群的发育情况。如果没有达到预期的增重指标，则应及时总结饲养管理中的问题，及时调整。育成期无论是放牧或舍饲，都要补喂精料，冬季还要作好饲草、饲料的储备，补喂青干草、青贮及其他农副产品。

在育成期饲养管理越好，羊只增重越快，母羊可以提前达到第一次配种要求的最低体重，提早发情和配种。公羊的优良遗传特性可以得到充分的体现，为提高选种的准确性和提早利用打下基础。

育成羊的管理主要是育肥，生产中断奶后不作种用的公羔、母羔以及老弱病残的淘汰羊，经过短时间的集中育肥，可以增加肌肉脂肪含量，改善胴体的品质，提高养羊的经济效益。在国外，对断奶后的羔羊进行短期肥育，生产肉质细嫩、味美多汁、色纹美观、膻味轻的山头肉，已成为羊肉生产的趋势。我国羔羊肉的生产所占的比例在10%以下，月巴育的方法主要有放牧育肥、舍饲育肥和混合育肥。

1.放牧肥育

这是最经济的肥育方法，也是牧区传统的方法。育肥期一般在8~9月，将不作种用的羊只和淘汰羊集中起来，统一驱虫，单独组群。由于这期间的牧草养分含量高，羊吃了这类牧草容易上膘。因此，选择牧草茂盛的草场，经过2~3个月的短期放牧育肥，在市场羊肉消费的旺季到来时屠宰上市。

2.舍饲肥育

这种方法主要适合在农区或规模化养羊的地区，为了充分利用农副产品或农作物秸秆，将待肥育上市的羊只集中起来，进行舍饲强制肥育。这种方法幼龄羊肥育效果比老龄羊显著，因为幼龄羊处于生长发育的高峰期，只要充分满足营养需要，就会达到较高的日增重，脂肪的蓄积也较快。老龄羊的肥育只会增加脂肪的含量，所以增重较慢。舍饲肥育除了给予充足的饲草和饮水外，还要根据羊只的营养需要补饲一定的混合精料，提高肥育的效果。

舍饲肥育通常为75~100天，时间过短，肥育效果不显著，但时间过长，会降低饲料报酬，效果也不佳。而且在出售时，要求最好~次性上市，提高经济效益。

3.混合肥育

在放牧肥育的基础上，对一些膘情较差的羊只，补饲一定的混合精料，进一步提高胴体重和肉的品质。或者对肥育羊群白天放牧，晚上归牧后，补饲优质的干草粉或混合精饲料以明显提高肥育的效果，缩短上市时间。

（三）种公羊的饲养管理

应用人工授精技术，一头优秀的公羊在一个配种期往往会配种成百上千只母羊，产生大量的后代。因此，种公羊的质量和饲养管理的好坏直接影响羊群生产性能的高低。对种公羊饲养的要求是：健壮结实，精力充沛，常年保持中等以上的种用体况，具有旺盛的性欲和良好的配种能力，精液品质好，以便更好地完成配种任务，发挥其种用价值。种公羊的日粮要求按照公羊的饲养标准来配合，饲料的营养价值要高，容易消化，适口性好。种公羊的饲养管理分为配种期和非配种期。

1.非配种期的饲养管理

在非配种期，虽然没有配种任务，但决不能忽视种公羊的饲养管理。保证饲草饲料供应的多样性，做到粗饲料和精饲料搭配，青草和干草搭配。喂草时，先喂青草至七八成饱，然后再喂干草，最后喂精饲料。特别注意的是，青草不能喂得太多、太饱，以免造成“草腹”，影响公羊的配种能力。

除了喂草以外，每天应补喂一定的混合精料，以补充热能、蛋白质、维生素和矿物质元素等。非配种期，每只公羊每天补饲0.3~0.5千克。每天还应注意保持3~5小时的放牧和运动时间。供给清洁的饮水，切不可用油汤水、漏水等喂羊。坚持每天清扫圈舍，保持圈舍通风、干燥、卫生。此外，还应经常给公羊刷拭、梳刮和修蹄，以保证羊只的健康，为配种期的到来作好准备。精子的生成，一般需50天左右，营养物质的补充需要较长的时期才能见到成效，因此对使用时期较集中的公羊，要提前两个月加强饲养精料的喂量也应增加（每天每只0.4~0.6千克）。

2.配种期的饲养管理

在配种前一个月，应对种公羊进行内、外寄生虫的防治，彻底驱除内、外寄生虫》种公羊最好单圈喂养，尤其配种期的公羊要远离母羊，以减少发情母羊和公羊间的干扰和互相打斗、爬跨，不要把公羊放入母羊群中任其乱交乱配。配种季节，种公羊的营养和体力消耗很大，要经常检查精液的品质，发现问题及时调整日粮的结构。在精子的干物质中，约有一半是蛋白质。羊的精子中有氨基酸18种，其中以谷氨酸最多，其次是缴氨酸和天门冬氨酸等。精液的成分中，除蛋白质外，还有无机盐、果糖、酶、核酸、磷脂和维生素等，所以，在配种期，种公羊的饲养，除了适当增加饲料中动物性蛋白质的含量外，还应注意能量、矿物质和维生素的供应。

配种期的公羊，神经处于兴奋状态，心神不安，采食不好，加之繁重的配种任务，所以饲养管理上要特别细心。白粮要求营养完全，适口性好，品质好，易于消化，粗饲料应以优质豆科牧草为主，同时增加精料的喂量（每天每只0.7~1.0千克），并补饲鸡蛋2~3枚。每只公羊每天可采精2~3次，连续采精4~5天后，应休息1~2天。配种期每天还应喂一定的青绿多汁饲料，坚持有足够的运动时间，给予充足而清洁的饮水。此外，还要每日刷拭，及时修蹄，不忘防疫，定期称重，合理利用。

（四）繁殖母羊的饲养管理

羊群数量的增加通过繁殖母羊的生产来实现，因此对繁殖母羊要求常年保持良好的饲养管理条件，促使其早发情，配怀率高，产羔多，产出的羔羊初生重大。繁殖母羊的管理分为空怀期、妊娠期和哺乳期三个阶段。

1.空怀期母羊的饲养管理

空怀期的母羊一般都是经历了产羔和对羔羊的哺乳，身体较瘦弱。因此，空怀期母羊的饲养目标就是恢复体况，为母羊的发情、配种、受胎做好准备。彻底驱除体内、外寄生虫，给予优质的青草或到牧草茂盛的牧地放牧，体况特别差的还应补饲精料。特别是在配种前 1 个月要适当补饲或实行短期优饲，以使母羊恢复良好的体况。一般经过 1~2 个月的抓膘，母羊能很快复壮，增重可达 10~15 千克。

2. 妊娠期母羊的饲养管理

胎儿在母体内生活的时间是 150 天左右，它通过母体获得营养。因此，妊娠母羊的饲养管理，直接影响到胎儿的成活、发育和生后羔羊的初生重和生长速度。母羊的妊娠期可分为妊娠前期（3 个月）和妊娠后期（2 个月）。

妊娠前期胎儿发育缓慢，所增重量仅占羔羊初生重的 10%。在这期间胎儿主要发育脑、心、肝、胃等主要器官，需要的营养物质并不比空怀期多，一般放牧均可满足，特别在牧草丰盛季节，可不用补饲，但要求营养全面。

妊娠后期胎儿生长发育很快，初生重的 90%左右是在这个阶段增加的，胎儿的骨骼、肌肉、皮肤及血液的生长与日俱增，母羊对营养物质的需要明显增加。这一阶段若营养不足，羔羊的初生重小，抵抗力弱，极易死亡，而且母羊膘情不好，产后泌乳量少。因此，应供给母羊充足的能量、蛋白质、矿物质与维生素，使母羊的日粮不仅营养物质完全，而且数量充足，除了放牧外，要加强补饲，每天每只羊补喂优质青干草 1.0~1.5 千克，精料

0.3~0.5 千克。

管理上也应当加强，减少圈舍饲养密度，出牧、归牧、进出运动场、补饲、饮水时，都要防止拥挤、滑跌，严防跳崖、跳沟，有角或经常打斗的母羊要单独隔离，防止流产或早产。严禁饲喂发霉、冰冻的饲料。饮水时注意饮用清洁水，冬天最好用温热水，加入少量的食盐。母羊临产前 1 周左右，不得远牧，以便分娩时能及时回到羊舍。同时，作好母羊分娩前的各项准备工作。

3.哺乳期母羊的饲养管理

母乳是羔羊生长发育所需营养的主要来源，因此必须加强母羊的补饲京而且多数地区，哺乳前期正处于枯草季节，单靠放牧往往得不到足够的营养。应当按母羊膘情及所带的单、双羔给予不同的补饲标准，特别是产后的头 20~30 天您母羊营养好，产奶量就高，羔羊发育好，抗病力强，成活率高。

刚产后的母羊体力和水分消耗很大，消化机能较差，要给予易消化的优质干草和温热的食盐水或就皮汤。产羔后 1~3 天内，如果母羊膘情好，可少喂精料，以喂优质青干草为主，以防消化不良或乳房炎。为了增强母羊的恋羔性和照顾好羔羊，产后一周内应让母羊和羔羊留在圈内。随着羔羊的逐渐生长对奶量需求的增加以及母羊泌乳高峰期的逐渐到来，补饲的精料量也要逐渐增加，平均每天 0.3~0.6 千克，还要注意饲喂青绿多汁饲料，冬季可以补充胡萝卜、黑麦草等，尽量延长母羊的泌乳高峰期，确保奶汁充足。

哺乳后期，母羊泌乳能力逐渐下降，即使加强补饲，也很难达到哺乳前期的泌乳能力，而羔羊也能自己采食饲草和精料，不是主要依赖母乳生存。因此，哺乳后期的母羊，除放牧外，可补喂些干草，精料可逐渐减少。

在母羊哺乳期，要勤换垫草，保持圈舍清洁干净。

（五）羔羊的培育

羔羊的培育，不仅影响其本身的生长发育和生产性能，而且影响羊群质量的提高。因此，必须注意羔羊的培育。羔羊的培育分为先天培育和后天培育两个阶段。先天培育主要是指羔羊出生前的培育或胚胎期的培育，主要是加强妊娠后期母羊的饲养管理，使胎儿发育充分，初生重大，产后母羊泌乳充足，羔羊生长发育快。本节主要介绍羔羊的后天培育或哺乳期培育，哺乳期的羔羊是一生中生长发育强度最大而又最难饲养的一个阶段。它的营养方式，从胚胎期的血液营养到出生后的乳汁营养，再到以草料为主，变化很大，稍有不慎，不仅会影响羊的发育和体质，还会造成羔羊发病率和死亡率增加，给养羊生产造成重大损失。

1.羔羊的消化特点

哺乳时期的羔羊，起消化作用的主要是第四胃（真胃）和小肠，前三个胃的容积小，微生物的区系尚未形成，还不能像成年羊那样能利用大量粗纤维。要对羔羊补饲高质量的蛋白质和含粗纤维较少的干草，而且可以在饲料中添加抗生素。随着日龄的增加，羔羊的瘤胃逐渐发育，在 20 日龄左右出现反刍，对草料的消化利用也明显增加。

2.初乳期羔羊的管理

母羊产后 1~3 天分泌的乳叫初乳，初乳呈淡黄色，浓度大，养分含量高，是初生羔羊脱离母体以后，所需要的营养价值全面、容易消化吸收的滋养品。初乳中含有丰富的蛋白质（17%~23%）、脂肪（9%~16%）、维生素、矿物质、酶和抗体等，其中蛋白质总量是常乳的 4~5 倍，尤其是生物学价值很高的球蛋白和白蛋白的含量高，相当于常乳的 6 倍。由于羔羊本身尚不能产生抗体，通过吮吸初乳获得抗体，可增强羔羊的抗病力。初乳中还含有具有轻泻作用的镁盐，可以促进羔羊胎便的排出，同时还能控制细菌的繁殖，增强对疾病的抵抗力。由于初乳中各种营养成分含量都较高，因而干物质的含量高达 27%左右，是常乳的 2 倍。

因此，产后的羔羊应尽快吃到初乳。一般羔羊生后十几分钟就能自动站立，靠近分娩母羊寻找奶头，开始吸乳。在喂初乳前，用干净的毛巾（温水）把母羊的乳房擦拭干净，并挤出少量奶汁不要。较弱的羔羊，或初产母羊，母性不强的母羊，需要人工辅助。母羊哺羔时，常嗅羔羊的尾根部，辨别是否是自己的羔羊，羔羊则不停地摇尾。某些母羊奶量较少或者产羔数较多而不能满足羔羊的需要，可以让羔羊吸食其他母羊的初乳，也可用消毒过的奶瓶去挤其他母羊的初乳哺喂。

对由于母羊瘦弱而缺奶的羔羊、双羔或多羔、产后死去母羊的羔羊，在吃到初乳后，应及时找到保姆羊代哺，或配制代乳品，进行人工哺乳。一般选择产单羔，营养状况好，健康多乳，性情温顺而且母性强或死去羔羊的母羊作为保姆羊。由于母羊识别自己的羔羊靠敏感的嗅觉，因此在寄养羔羊时，可将保姆羊的羊水、奶汁或尿液涂抹于羔羊的尾根、头部和全身，使保姆羊无法辨认，最初几天内必须精心护理和进行人工辅助，待母羊接受羔羊哺乳后方可转人正常管理。

人工哺乳时，无论补喂鲜羊奶还是代乳料，都必须现喂现配，做到新鲜清洁。鲜乳、奶粉、代乳料和哺乳用具都必须消毒后方可使用，哺喂时做到“四定”：定温（38~39℃）、定时、定量、定质（浓度）。人工哺乳时，首先遇到的问题是如何教会羔羊用哺乳器吃奶，也称为教奶。补奶的羔羊较多时，可用 500 毫升的生理盐水瓶或 600~1000 毫升的饮料瓶，在瓶口套上奶嘴（可用针头将奶嘴口部刺多个小孔）作为哺乳器。教奶时先让羔羊饥饿半天，一手抱住羔羊，一手拿奶瓶，将奶嘴伸人羊口中，反复训练 2~3 天，羔羊一般就会自己吮奶。人工哺乳时，从 10 日龄开始增加奶量，25~50 天给奶量最高，50 天以后逐渐减少，增加饲草、饲料的补饲量。

初生羔羊的体温调节能力较差，抗病力弱，应注意防寒保暖，一般产后一周，母羊可外出运动或放牧，放牧距离最好不要太远，羔羊应留在圈内。应特别注意羔羊痢疾、口疮等疾病的预防工作。同时，加强母羊的饲养管理，提高泌乳量。

为了管理上的方便，对羔羊要进行编号、去角，对绵羊羔要断尾。在绵羊育种中，对初生羔羊还要进行出生类型、体质、体格、体重、毛色和被毛品质等详细的鉴定，并分等定级，为选种提供依据。

3.常乳期羔羊的饲养管理

母羊分娩一周后分泌的乳叫常乳。这一阶段，奶是羔羊的主要食物。从初生到 45 日龄，是羔羊体尺增长最快的时期，从初生到 75 日龄是羔羊体重增长最快的时期。同时，这一阶段也是母羊泌乳量最高的时候。除了哺乳以外，羔羊的早期诱食和补饲，也是羔羊培育的一项重要工作。为了促进羔羊前胃机能的发育，从 10~15 日龄开始，应该每天早、晚补饲精料和少量的青干草，任其自由采食，以促进胃肠的发育，尽快形成反刍，增进食欲和采食量，同时逐渐减少对母乳的依赖，为羔羊的断奶干稳过渡做准备，减少断奶后的应激和死亡率。

精饲料的种类要多样化，最好能配成配合饲料，主要成分有玉米、豆饼、麦麸、骨粉、食盐以及其他微量元素等。个别羊不吃时，要人工将料添人羔羊口中，强制它去咀嚼，待尝到味道后，就会主动采食。选择色绿、味香、质优、柔软的禾本科和豆科干草，用细绳捆成小草把吊起来，离地面距离以羔羊抬头能吃到为原则。有条件时，可单隔出羔羊采食间用于羔羊补饲干草和精料，无条件的地方，可在母羊出去放牧或运动时，在舍内单独补饲羔羊。补饲量要由少到多，对于个别采食能力较弱的羔羊，要耐心诱食。一个月以后，可以补喂少量的青绿饲料或优质青贮料。

4. 羔羊的断奶

羔羊出生后，以母乳生活为主，经过一个阶段以后，逐渐能边吃草料边哺乳，逐渐以吃草料为主，一般需 60~70 天。同时，母羊随着时间的推移，泌乳量和奶品质也逐渐下降。为了保证羔羊的充分发育和哺乳母羊体况的恢复，要对羔羊实行强制性断奶，根据母羊的泌乳情况和膘情，断奶的时间一般为 2 月龄左右，最迟一般不超过 3 月龄。羔羊断奶多采用一次性断奶法，即将母、仔分开后（羔羊留在原圈），不再合群。母仔隔离一周后，断奶即可成功，但还是不要合群放牧或运动。

断奶后的羔羊要统一驱虫，按性别、体质强弱分群，转入育成羊阶段，按照育成羊饲养管理方法要求进行饲养。断奶后的母羊，要少喂给青贮、块根等多汁饲料，促进母羊快速干奶。在断奶的最初几天，若母羊乳房膨大时，要每天人工排乳一次，但不要挤得太净，挤到乳房不太膨胀即可。

（六）羊的繁殖管理

1.种羊的选择

（1）种公羊的选择

种公羊应体质健壮，精力充沛，敏捷活泼，食欲旺盛。其头略粗重，眼大且突出，颈宽且长，肌肉发达，眷甲高于荐部，背平直，肋骨拱张，背腰平宽，尻平而宽长，四肢端正，被毛较粗而长，具有雄性的悍威 8 种公羊睾丸大小适中，包皮开口处距阴囊基部较远。凡单睾、隐睾及任何生殖器官畸型都不能作种用。种公羊鸣声高昂，臊味重是性欲旺盛的表现。

（2）种母羊的选择

种母羊应灵敏，神态活泼，行走轻快，头高昂，食欲旺盛，生长发育正常，皮肤柔软富有弹性。作为奶用的种母羊应外貌清秀，骨细、皮薄，鼻直、嘴大，体躯高大，胸深而宽、肋骨拱张，背腰宽长，腹大而不下垂，民部宽长而平，后躯宽深，不肥胖。还应要求乳房发育良好，青年羊的乳房圆润紧凑，紧紧地附着于腹部。老龄羊的乳房多表现下垂、松弛，呈长圆桶状。山羊乳房以紧凑大型为好。

（3）羔羊的选择

选留羔羊时，应优先选留亲代生产性能好的后代，其初生重要大，生长发育好，而且其外貌好，体躯长，后躯方正，四肢及头部端正，髻甲高与尻高基本相等。

2.羊的杂交改良

(1) 杂交方法

在绵羊、山羊改良育种和生产中，应用最广泛的是杂交。杂交就是两个或者两个以上不同的品种或品系间公母羊的交配。利用杂交可改良生产性能低的原始品种，创建一个新品种。杂交是引进外来优良遗传基因的惟一方法，是克服近交衰退的主要技术手段，杂交产生的杂种优势则是生产更多更好羊产品的重要手段之一。杂交还能将多个品种的优良特性结合在一起，创造出原来亲本所不具备的新的特性，增强后代生活力。在我国目前的大多数绵羊、山羊品种培育过程中，都广泛地使用了杂交方法。常用的杂交方法有以下几种。

①级进杂交

级进杂交就是在 A 品种的母羊群中，逐代使用 B 品种纯种公羊，直至将 A 品种羊群基本上变成 B 品种。如果使用 B 品种特别优秀公羊，会在相当短时间内获得对 A 品种的改良。

当要将一个生产性能低，又无特殊经济价值的绵山羊品种作彻底改良时，便可使用级进杂交方法。例如，将粗毛羊品种改造为细毛羊和半细毛羊品种，将地方山羊品种改造成绒用山羊品种，或奶用山羊品种时，应用级进杂交方法能较快地达到目的。在级进杂交过程中，每一代杂交所产生的杂种公羊必须全部淘汰。同时，注意保留被改良品种中的一些特性。例如，地方品种的生态适应性，高繁殖力，耐粗饲等。级进杂交代数以达到改良品种的生产性能又保留了被改良品种的某些优良特性为最宜。一旦目的达到，就应停止级进杂交，改用别的方法来选育提高各种生产性能和特性。

②育成杂交

育成杂交是利用两个或两个以上各具特色的品种.进行品种间杂交，创造新品种的杂交方法。只用两个品种进行育成杂交时称为简单育成杂交，而用两个以上品种进行育成杂交时称为复杂育成杂交。育成杂交的目的，就是要将两个或两个以上品种的优良遗传特性和生产性能，集中到杂种后代身上，将杂交亲本的缺点克服掉，最终创造出一4?的品种。育成杂交通常分为三个阶段。

③导入杂交

导入杂交，通常在一个品种基本上符合要求，只在某方面有自身不能克服的重大缺点，或者用纯种繁育的方法，难以提高品种某些品质时使用。导入的品种，必须与被导入的品种生产方向一致。例如，细毛羊品种只能导入细毛羊品种的遗传基因，如果在半细毛羊中导人细毛羊品种基因，可能会使半细毛羊羊毛品质发生较大改变。选择好导入品种和要使用的公羊，是导入杂交成败的关键。

④经济杂交

经济杂交又叫商用杂交，目的是利用两个或两个以上品种进行不同形式杂交，产生杂种后代，以便生产更多更好的毛肉绒奶皮等产品。遗传上讲，经济杂交主要是利用杂交产生的杂种优势，即利用后代所具有的生活力强，生长速度快，饲料报酬高，生产性能好等优势。应用经济杂交最广泛，效益最好的，是肉羊的商业化生产，尤其是大规模肥羔生产。

(2) 杂交改良

绵羊的杂交利用。我国地方绵羊品种虽然具有某些优良性状，如常年发情、多胎（一年产二胎或二年产 1 胎），如小尾寒羊和湖羊，但其生长速度慢，产肉性能不高，需要与国外引入的肉用性能好的品种进行杂交。

小尾寒羊的杂交改良效果：

夏洛来 × 小尾寒羊一代，2 月龄重 11.70 千克、6 月龄重 42.30 千克，而后代的繁殖率还可保持在 270%以上；4~5 月龄(经肥育 30 天)，体重达 38.50 千克，平均日增重为 257 克。

边区莱斯特羊 × 小尾寒羊一代，3~4 月龄（经肥育 20 天）体重达 32.40 千克，平均日增重 365 克。

无角陶赛特 × 小尾寒羊一代，3 月龄（断奶）重 29.0 千克，6 月龄 40.4 千克（经肥育可达 44.6 千克时，胴体重 24.2 千克）。

湖羊的杂交改良效果。夏洛来×湖羊一代，2 月龄（断奶）重24.4 千克，从初生到断奶日增重为 341.3 克，6 月龄重 32.1 千克，从初生至 6 月龄平均日增生 184 克。

滩羊的杂交改良效果。无角陶赛特×滩羊一代，4 月龄胴体重 15.5 千克；萨福克×滩羊一代，4 月龄胴体重 16.8 千克。

从以上例子可以看出，我国地方绵羊品种与引进的肉用绵羊杂交后，其后代生长快，产肉多，而且繁殖性能得到保留（如小尾寒羊、湖羊），有的还得到提高，如蒙古羊、滩羊等繁殖率较低，但杂交后代母羊的繁殖率得到提高。

山羊的杂交利用

我国的山羊除保留一些毛用、羔皮用、裘皮用山羊外，约 55%~60%的山羊将向肉用方向发展。早在 20 世纪 80 年代初期，在我国中原及南方广大地区为了提高本地山羊的产肉量，开展了杂交改良本地山羊的工作。本地山羊经改良后，羊只个体增大，活重比本地品种提高了 20%~80%，产肉量增加。

波尔山羊杂交改良黄淮山羊的效果。自 1995 年首次由德国引入波尔山羊改良我国本地山羊以来，其杂交一代的体重比本地山羊提高 50%以上。波尔山羊与黄淮山羊杂交，杂交一代断奶重 16.78 千克，比同龄的黄淮山羊重 8.07 千克，增长 91.5%；6 月龄活重 26.40 千克，比同龄的黄淮山羊重 11.95 千克，增长 81.9%。

萨能山羊杂交改良黄淮山羊的效果。萨能山羊与黄淮山羊杂交，杂交一代 4 月龄活重 15.9 千克，比同龄的黄淮山羊重 4.5 千克，增长 39.4%；8 月龄活重 30.22 千克，比同龄黄淮山羊重 7.4 千克，增长32.43%；8 月龄胴体重 14.29 千克，比本地黄淮山羊提高 4.65 千克，增长 48.24%。

在我国地方品种绵羊、山羊的杂交改良中，具体应用何种品种（如德国肉用美利奴羊、夏洛来羊、杜泊羊、无角陶赛特羊、萨福克羊、波尔山羊、萨能山羊、南江黄羊）与地方品种进行杂交都要考虑所在地的社会、经济条件，不同品种对生态条件的适应性，不同品种杂交的生长发育状况，不同杂交组合投入成本等，同时应注意本地优良品种的保护。

3.性成熟与初配年龄

（1）性成熟

性成熟是指经过初情期以后一段时间，生殖器官已经发育完全，具有了产生繁殖力的生殖细胞。绵羊、山羊性成熟的年龄一般为5~10月龄，这时体重仅为成年体重的40%~60%。羊到性成熟时，虽然具备了繁殖力，公羊可以产生精子，母羊可以排出成熟的卵子，此时公、母羊交配可以受胎，但是还不能配种。因为羊刚达到性成熟时，其身体并未达到充分发育的程度，如果这时配种，就可能影响到它本身和胎儿的正常生长发育，即实际配种年龄应比性成熟晚。因此，一般生产中要求在3月龄以后，公、母羔要分群饲养，避免偷配。

羊的性成熟年龄受品种、饲养管理以及气候等外界环境因素的影响。通常山羊的性成熟比绵羊略早。早熟种的性成熟期较晚熟种早，温暖地区较寒冷地区早，饲养管理好的性成熟也较早。

（2）初配年龄

分布于全国各地的不同绵、山羊品种其初配年龄很不一致，即使同一品种，不同的营养水平和饲养管理，其初配年龄也可能不一样。山羊的初配年龄较早，某些品种5~6月龄即可进行第一次配种。通常山羊的初配年龄为10~12月龄，绵羊为12项月龄。母羊初配年龄过早，会影响自身和后代的体质和生产性能；如果母羊初配年龄过退，不仅会延长世代间隔，降低遗传进展，而且也会造成经济上的损失。因此，要根据实际情况，提倡适时配种。经验表明，只要母羊的膘情好，当体重达到其成年体重的70%时，可进行第一次配种。早熟品种、饲养管理条件较好的母羊，配种年龄可较早。如波尔山羊（性成熟年龄3~4月龄，初次配种年龄8~10月龄）、南江黄羊性成熟年龄3~4月龄，初次配种年龄8~10月龄）、槐山羊性成熟年龄3月龄，初次配种年龄6月龄）、陕南白山羊（性成熟年龄3~4月龄，初次配种年龄6月龄）、龄马头山羊性（成熟年龄 4~5月龄，初次配种年龄8~10月龄）、成都麻羊（成熟年龄 3~4 月龄，初次配种年龄 10 月龄）、板角山羊（成熟年龄 6 月龄，初次配种年龄 12 月龄）、贵州白山羊（成熟年龄 4 月龄，初次配种年龄 10~12 月龄）、龄龙陵山羊（成熟年龄 4 月龄，初次配种年龄 8 月龄）、雷州山羊(成熟年龄 3~6 月龄，初次配种年龄 5~88 月龄）、福州山羊（成熟年龄 3~4 月龄，初次配种年龄 6 月龄以上）、都安山羊(成熟年龄 5~6 月龄，初次配种年龄 10~12 月龄）、海门山羊(成熟年龄 3~4 月龄，初次配种年龄 6~8 月龄）、太行山羊(成熟年龄 6 月龄，初次配种年龄 18 月龄）、承德无角山羊(成熟年龄 5 月龄，初次配种年龄 12 月龄）。

（3）繁殖利用年限

羊的繁殖利用年限，与营养水平、品种、利用强度有关。繁殖利用年限，应从经济效益来考虑。就一个群体而言，在同一个时期中，壮龄母羊的排卵率比初情羊和老龄羊高，在适龄的范围内，3~6 岁，排卵率有递增的趋势，5~6 岁为羊一生中排卵率达到高峰的年龄。因此，最好的繁殖年龄是在 6 岁以前。不过在良好的饲养管理条件下，优良的个体 10 岁以上仍能产双羔。壮龄的公羊性机能发育完善而良好，所产精液品质最好，老龄公羊性机能逐渐衰退，其所产精液质量逐渐降低，直至失去繁殖能力。

母羊一般到 8 岁时应淘汰，公羊一般到 7 岁时淘汰，除特别优秀的个体或珍贵品种，使用年限可以延长些外，一般公、母羊使用年限不可过长。否则，繁殖力降低，所产羔羊品质也差，影响养羊效益。

4.发情和发情鉴定

母羊性成熟以后，其生殖器官和性行为会出现周期性的变化，这种生理现象称为发情。

（1）发情征状

大多数母羊发情后都表现出性兴奋，频频排尿，鸣叫不止，兴奋不安；食欲减退，很少采食；不停摆尾，尾巴上常粘附有黏液；母羊间相互爬跨，主动接近公羊；当用手指按压母羊的腰荐结合部时，母羊静立不动，当公羊接近时，母羊接受公羊的爬跨；外阴充血红肿，柔软而松弛，常有黏液流出。产奶母羊则有奶量下降等典型特征。

母羊发情时，在雌激素的作用下，生殖道发生了一系列有利于交配活动的生理变化。为进一步判断母羊是否发情，可进行阴道和子宫颈检查6发情母羊阴道黏膜充血发红；阴道有分泌物，发情初期黏液较少而稀薄，中期黏液增多，后期变得黏稠；子宫颈松弛、充血，子宫颈口开张，形如黄豆大的小孔。子宫腺体增长，基质增生、充血、肿胀。母羊发情后期，卵巢上发育成熟的卵泡破裂，排出卵子。

山羊的发情征状和行为表现较为明显，比较容易判断。一般绵羊发情征状多不明显，甚至有的未表现发情征状而排卵（称为静默发情，或者安静发情），生产上常采用试情公羊来判断。当试情公羊接近母羊时，若母羊有摇尾表现，接受爬跨或公羊紧迫母羊不舍等行为，则可认为该母羊发情。

(2) 发情持续期和发情周期

母羊从发情开始到发情结束的时间，称为发情持续期。发情持续期因品种、年龄和繁殖季节的时期不同而不同，一般初次发情的持续期较短，而经产羊的发情持续期相对较长。一般羊的发情持续期为24~48小时，个别长达72小时以上。

母羊发情后若未受胎，经过一段时间会再次出现发情现象。由上次发情开始到下次发情开始的间隔时间称为发情周期。绵羊的发情周期为14~19天，平均为17天。山羊为12~24天，平均为21天。

(3) 羊的发情鉴定

发情鉴定的目的是及早发现发情母羊，适时配种或人工授精，防止误配或漏配，提高受胎率。母羊发情鉴定有以下几种方法。

外部观察法

通过观察母羊的行为、外部征状和生殖器官的变化来判断母羊是否发情，由于山羊的发情表现较为明显，这种方法在山羊生产中常采用。

阴道检查

将清洗、消毒灭菌后的开膣器，涂上灭菌的润滑剂，轻轻插入母羊的阴道，打开开膣器，通过反光镜或手电筒光线观察母羊阴道黏膜、分泌物和了宫颈口的变化来判断发情与否。如阴道黏膜充血、潮红、表面光滑湿润，有较多的黏液，子宫颈口开张等，即可判定该母羊发情。

公羊试情

由于绵羊的发情征状多不明显，生产中常采用这种方法。在规模化的山羊饲养中，发情母羊较多时，也可采用这种方法判断母羊是否发情。试情公羊必须体格健壮，性欲旺盛，年龄 2~5 岁为佳。为了防止试情公羊偷配母羊，试情公羊要做输精管结扎或阴茎移位手术，最简单的方法是戴试情布。根据公羊的体格大小，用一块结实的布捆住公羊的腹部，然后将试情公羊放入母羊群，如果母羊接近公羊并接受公羊的爬跨，可以判断母羊发情。但应该注意，试情公羊应单圈喂养，除试情外，不得和母羊在一起。试情公羊与母羊的比例以 1∶40~50 为宜。

“公羊瓶“试情

山羊的公羊的角基与耳根之间，在繁殖季节常会分泌一种激素，用毛巾或布块用力在角基擦拭后放入玻璃瓶中，将玻璃瓶放入母羊群中，发情的母羊就会根据瓶中散发的气味走过来。这种办法还可诱发母羊发情。

母羊排卵多在发情后期，成熟的卵子在输卵管存活的时间为 4~8 小时，公羊精子在母羊生殖道内受精作用最旺盛的时间约为 24 小时。为了使精子和卵子得到充分的结合机会，最好在排卵前数小时内配种。因此，比较适宜的配种时间应在发情中后期（即发情开始后 18~24 小时）。在生产中，早晨试情，挑出的发情母羊傍晚配种，下午或傍晚发情的母羊于次日早晨配种。为确保受胎，最好在第一次交配后间隔 12 小时左右，再用同一只公羊的精液或冻精再配种 1 次。

5.羊的配种方法

羊的配种方法有两种，即自然交配和人工授精。

自然交配是在羊的繁殖季节，将公、母羊混群放牧，自行交配。这种方式又称为本交。自然交配又可分为自由交配和人工辅助交配。

（1）自由交配

是最简单的交配方式。在配种期内，按一定的公、母比例（1：20~30），将选好的公羊放入母羊群中任其自由寻找发情母羊进行交配。这种配种方法省工省事，不需要任何设备，适合于小群分散的商品生产，不适用于种羊的生产。若公、母羊比例适当，可获得较高的受胎率。由于无法记录确切的配种时间，因而无法控制产羔羔期长，羔羊年龄大小不一致，不便管理。母羊发情时，公羊追逐爬跨，一方面影响母羊采食和抓膘；另一方面，公羊无限交配，不安心采食，耗费精力，影响健康，缩短了利用年限。无法准确掌握配种情况，后代血缘关系不明，容易造成近亲交配或早配，难以实施有计划地选配，从而影响后代的群体品质和生产性能。这是我国目前最普遍的配种方法，也是最落后的方法，不宜提倡，应逐步淘汰。

（2）人工辅助交配

为了克服自由交配的缺点，但又不能行人工授精时，可采用人工辅助交配。即公、母羊分群放牧，到配种季节每天对母羊进行试情，然后把挑选出的发情母羊有计划地与指定的公羊交配。这种交配方式，可以准确登记公、母羊的耳号及配种日期，从而能够预测分娩日期，能够有计划地进行选配，提高后代质量。而且可以提高种公羊的利用率，增加利用年限。

人工辅助交配时，在良好饲养条件下，间隔一定的时间，每头公羊每天可交配 3~5 次，一般饲养条件下则可交配 2~3 次。交配次数过多，会影响精液品质，易造成母羊空怀。

（3）人工授精

人工授精是用器械采集公羊的精液，经过精液品质检查和一系列的处理，再将精液输入发情母羊的生殖道内，从而达到母羊受胎的目的。可以扩大优良种公羊的利用率和使用年限。大量节省购买和饲养种公羊的费用，提高母羊的受胎率，减少疾病的传播。采用人工授精，公、母羊不直接接触，而且所用的器械经过了严格的消毒，大大降低了传染疾病的可能性。由于公羊的精液可以长期保存和远距离运输，因此使优良品种的保存和种质资源的交流成为可能。

（4）羊的配种时间

羊配种时间的确定，主要是根据当地的条件和产羔的时间、次数来决定。年产 1 胎的羊，产冬羔者，一般安排在每年的 9~10 月配种，于 2~3 月产羔；产春羔者，可在 11~12 月配种，4~5 月产羔。年产 2 胎的羊，可在 4 月初配种，当年 9 月初产羔；第 2 胎于 10 月初配种，于来年 3 月初产羔。2 年产 3 胎的羊，可在 10 月初配种，第 2 年 3 月初产羔；第 2 胎于 8 月初配种，第 3 年 1 月初产羔；第.3 胎在第 3 年的 3 月初配种，8 月初产羔。羊群最好能集中在 1~1.5 个月内配种，以便集中产羔，利于管理和商品化生产。

在正常情况下，壮龄母羊应在发情后 12 小时进行配种；幼龄羊因发清无规律可依，应该发情即配；而老龄母羊应在发清 8~10 小时后进行配种。

6.羊的人工授精技术

人工授精开始前，首先要作好配种计划的制订，人工授精站的建筑和设备，种公羊的选择和调教，配种母羊的组织，试情公羊的选择等准备和组织工作。人工授精技术包括采精、精液晶质检查、精液处理和输精等主要环节。

（1）采精

采精人员右手紧握假阴道，用食指、中指夹好集精瓶，使假阴道活塞朝下，蹲于台羊的右后侧。待公羊爬跨台羊且阴茎伸出时，采精人员用左手轻拨公羊包皮（勿触龟头），将阴茎导入假阴道（假阴道应与地面呈35度角）。若假阴道内的温度、压力和润滑感适宜，当公羊后躯急速向前一冲，表明公羊已经射精。此时，顺公羊向后及时取下假阴道，并迅速将假阴道竖立，安装有集精瓶的一端向下。打开活塞上的气嘴，放出空气，取下集精瓶，用盖盖好并保温（37℃水浴），待检查.

种公羊每天采精以4次为宜，上、下午各两次，一般不能超过5次。连续采精时，第一次应间隔5~10分钟，第三次与第二次应间隔30分钟以上，让公羊有一定的运动时间。年轻公羊每天采精不应超过两次。米精应在喂料、运动1小时以后进行。每连续采精5~6天应休息1天。

精液品质的检查：一是射精量。用灭菌的卡介苗注射器或带有刻度的输精器测量。羊的射精量一般为0.5~2.0毫升，平均为1.0毫升左右。每毫升精液中精子的数量约为20亿~50亿。二是色泽。正常的精液为乳白色。如精液为深黄色，表示精液混有尿液；粉红色或淡红色表示混有血液；有脓液混入时，精液呈淡绿色；精液中有絮状物，表示副性腺有炎症。三是气味。正常的精液略带腥味。当有其他腐臭味时，均表示不正常，不能用于输精。四是云雾状。肉眼观察采到的新鲜精液，可以看到由于精子活动所引起的像云雾状似的翻腾滚动。精子的密度越大、活力越强，其云雾状越明显。五是活力。根据在显微镜下（18~25℃的室温）观察到的直线运动的精子数所占的比例来确定。一般采用五级评分的办法：如果全部精子作直线运动，则评为五级（1.0）；大约80%的精子作直线运动，评为四级（0.8~0.9）；60%左右的精子作直线运动，评为三级（0.6~0.7）；40%或20%左右的精子作直线运动，分别评为二级（0.4~0.5）或一级（0.3以下）。在人工授精中，鲜精的活力低于四级以下，一般不能用于输精。六是密度。通常在显微镜下检查精液的活力时，同时检查密度。一般分为密、中、稀三级。在200~600倍的显微镜下观察，如精子密布整个视野，精子之间无空隙，即为“密”；精子之间有明显的空隙，彼此之间的距离大约 1~2 个精子的长度，即为“中”；如果视野中只有少数精子，精子之间的空隙超过 2 个以上精子的长度，即为“稀”。在视野中没有看到精子的，用“无”标记。一般用于输精的精液，其精子密度至少是“中”级。

(2) 精液的稀释

为了充分发挥优秀种公羊的作用，延长精子活时间，使精于在保存过程中免受各种物理、化学、生物因素的影响，经检查合格的精液要作适当的稀释。稀释的倍数根据精子的活力、密度以及待配种母羊的数量而定。稀释后的精液，每毫升精液的有效精子数不得少于 7 亿个。一般为 5 倍左右，高者可达 10 倍。

精液与稀释液混合时，二者的温度必须保持一致，以防止精子受温度的剧烈变化而死亡。稀释前将精液与稀释液同放入 30% 左右的温水中水浴 5 分钟左右，温度相同时再进行稀释。用消毒过的带有刻度的注射器将稀释液沿着精液瓶缓慢注入，然后用玻棒缓慢搅动以混合均匀。切忌把精液倒入稀释液中。在进行高倍稀释时需分两步进行，先低倍稀释，数分钟后再作高倍稀释。稀释后要进行活力检查，若活力较差要分析原因。

稀释液配方应选择易于抑制精子活动，减少能量消耗，延长精子寿命的弱酸性稀释液，常用的有生理盐水稀释液、乳汁稀释液、葡萄糖一卵黄稀释液（于 100 毫升蒸僧水中加葡萄糖 3 克，柠檬酸钠 1.4 克，溶解后过滤，蒸汽灭菌，冷却至室温，加新鲜鸡蛋的卵黄 20 毫升，青霉素 10 万单位，链霉素 10 万单位，充分混匀），混合液（葡萄糖 0.97 克，柠檬酸钠 1.6 克，碳酸氢钠 1.5 克，氨苯磺酰胺 0.3 克，溶于 100 毫升蒸偏水中，煮沸消毒，冷却至室温后，加入青霉素 10 万单位，链霉素 10 万单位，新鲜卵黄 20 毫升，摇匀）。

以上稀释液配方均要求现配现用。将稀释好的精液根据各输精点的需要量分装于安瓿中或分装成细管精液，用八层纱布包好，置于 41℃左右的冰箱中保存待用。

(3) 精液的运输与保存

低温保存的液状精液，可用广口保温瓶运送。把装有精液的安瓿或细管放入广口保温瓶后，贴上标签，注明公羊号、采精时间、精液量、稀释倍数及其等级等内容。运输时应严防剧烈震荡，并尽量缩短运输时间。远距离运输，广口保温瓶内应放入冰块，安瓿或细管用多层纱布包裹并距离冰块一定的空间，使温度保持在 0.5℃。

精液运到输精点后，如果不立即使用，应妥善保存，用纱布包果后，放入 4℃左右的冰箱中保存待用。但山羊的精液保存的时间较短。因此，精液在采得以后稀释愈早，及时输精，受胎效果愈好。

如果要长期保存精液，可以通过一系列的处理与操作制成冷冻颗粒精液或冷冻的细管精液。冷冻精液的制作参见本章的第四节有关内容。

(4) 输精

输精是羊人工授精的最后一个技术环节。适时而准确地把一定量的优质精液输到发情母羊的子宫颈口内，是保证母羊受胎、妊娠、产羔的关键。

输精时，输精人员将用生理盐水浸泡过的开膣器闭合，按母羊阴门的形状和生殖道的方向缓慢插入，然后转动 90 度打开开膣器。用手电筒光或其他光源寻找母羊的子宫颈口，将输精器前端缓慢插入子宫颈口内 0.5~1.0 厘米，用拇指轻轻推动输精器的活塞，注入精液。一次输精的有效精子数应保持在 7500 万个以上，因此，原精液量需 > 0.05~0.1 毫升或稀释精液量 0.1~0.2 毫升。如果是初配母羊，阴道狭窄，用开膣器无法打开时，可采取阴道输精的办法，但应相应地加大输精的剂量。

刚输精后的母羊应休息 10 分钟左右，不要立即驱赶或放牧，并注意观察是否有精液倒流。

在输精过程中，为避免生殖道疾病的传播，原则上应该每只母羊使用一支输精器，但生产中往往做不到。因此，连续输精时，每输完 1 只母羊，可用生理盐水擦拭输精器的外壁，再对下一只母羊输精。

在第一次输精后，间隔 8~12 小时再重复输精一次。输精后的母羊要进行登记，包括母羊号、公羊号、输精时间等，以便于在下一个情期来临时观察该母羊是否返情，计算预产期，方便饲养管理。

(6) 母羊的妊娠检查

发情正常的母羊，配种或输精工作及时，配种后 17~20 天不再发情，行动稳重，腰力有所增加的就可能是受孕。怀胎母羊食欲旺盛，如果是正在挤奶的奶羊，其产奶量会逐渐下降，右腹部逐渐膨大而下垂。在怀孕两个月以后，可以进行妊娠检查，一般在早晨喂草前空腹时进行。检查者把母羊的颈部夹在两腿中间，面向羊尾，弯下腰将两手从两侧放在母羊腹下乳房前方，将羊腹部微微托起，左手将母羊的右腹部向左方微推，左手拇指食指叉开就能触到胎儿。几天以后的胎儿可以摸到较硬的 ~ 小块，10~120 天的胎儿能够摸到后腿腓骨，随着月龄的增长后腿腓骨由软变硬。

当手托起羊的腹部时，如感到有一个硬块，就是一个胎儿。若左右两边各有一硬块就是两羔。如左胸的后方仍有一硬块是三羔。检查时要仔细、小心，手的动作要轻缓灵巧，切不可粗心大意，造成流产。

7.产羔

母羊经过配种后，经过 20 天左右，不再表现发情，则可初步判断为已经妊娠。妊娠母羊经过 150 天左右的时间，就将产羔。产羔是养羊业的重要收获季节，要在各方面作好周密的安排，采取有效的措施，保证母羊顺利产羔，提高羔羊的成活率 3 分娩前一个月，应把母羊重新组群，减少饲养密度，增加补饲量，放牧距离尽量不要太远。

(1) 产羔前的准备

①分娩羊舍的准备

根据配种记录，在产羔前一个星期，应把分娩羊舍打扫干净，并用石灰水或2%、3%的来苏儿彻底消毒。保持圈舍干燥，冬季产羔时，还应钉好门、窗，防寒保暖。此外，对运动场、饲槽、草架等也应进行清扫和消毒。

②饲草和饲料的准备

产羔期间，羊群放牧时间相对减少，同时产羔母羊需要补饲。因此，产羔前，应准备足够的青干草、青绿饲料和适当的精料《此外，还要准备足够的垫草，羔羊圈要铺厚垫草。在气候寒冷的地区，应在羊圈积蓄一层厚的羊粪和铺一定的垫草，以对羊舍起到保温的作用。

③用具和药品的准备

备妥善，如毛巾、肥皂、水桶、标记涂料或记号笔、酒精和碘酒、剪刀等，称重、哺乳、去势以及必需的产科器械、记录表格也应具备。

④人员的配备

产羔时和产羔后一段时期内工作比较繁重，需要比平时较多的劳动力，因此，要事先根据羊群的品种、质量和数量、畜群结构以及营养状况等因素规划安排。接羔人员必须分工明确，严守岗位，落实责任，确保羔羊成活和产羔母羊的安全。此外，还应配备具有一定工作经验的兽医人员。

(2) 接羔

①临产母羊的征兆

母羊临产时，骨盆韧带松弛，腹部下垂，尾根两侧下陷；乳房肿大，乳头直立，能挤出少量黄色乳汁；阴门肿胀潮红，有时流出浓稠黏液；欣窝下陷，行动困难，食欲减退，甚至反刍停止；排尿次数增加，不时鸣叫，起卧不安，不时回顾腹部，喜独卧墙角等处休息，放牧时掉队或离队；当发现母羊用脚刨地，四肢伸直努责，欣窝下陷特别明显时，应立即送入产房。

②产羔

产羔时，要保持安静，不要惊动母羊，一般情况下都能顺产。正常分娩时，羊膜破裂后数分钟羔羊就会自行产出。两前肢和头部先出，并且头部紧贴在两前肢上面，到头顶露出后羔羊就立即出生了。若产双羔，先后间隔 5~10 分钟，偶尔也有间隔数小时的。因此，当母羊产出第一个羔后，可用手在母羊腹下部轻微抬举，若是多羔，可触摸到光滑的胎儿。

③接羔

当羔羊出生后将其鼻、嘴、耳中的黏液掏出，羔羊身上的黏液让母羊舔干，这为母羊识别自己的羔羊和增强母羊的恋羔性打下基础。若天气寒冷，可用软干草或干的毛巾（布）将羔羊擦干。有的胎儿生下后有假死现象，可提起羔羊两后肢，悬空，轻轻排击其胸部、背部；或使羔羊干卧，用双手有节律地推压羔羊腹部两侧，进行人工呼吸。

羔羊出生后，一般自己能扯断脐带。有的脐带不断，可在距离羔羊腹部 4~5 厘米的地方，用手把脐带中的血向羔羊脐部顺捋几下，然后剪断，用 5%的碘酊消毒。

羔羊出生后，母羊疲倦口渴，应让母羊饮温水，加入少量的食盐。分娩后 1 小时左右胎盘会自然排出，若 4~5 小时后仍排不出，兽医应进行处置。

母羊分娩后，用剪刀剪去其乳房周围的长毛，用温水擦拭母羊乳房上的污物、血迹，挤出最初的乳汁，帮助羔羊及时吃到初乳。出生重的测定应在羔羊第 _ 次吃奶前进行。

④助产

极少数的羊只可能胎儿过大，或因初产，产道狭窄，或多胎母羊在产山第一头羔羊后产力不足，这时需要助产。胎儿过大时要将母羊阴门扩大，把胎儿的两前肢拉出去再送进去，反复三四次后，一手拉住前肢，一手拉头部，伴随母羊努责时用力向外，帮助胎儿产出。常见的胎位不正情况有：头在前，未见前肢，前肢弯曲在胸下部；胎儿倒生；臀部在前，两后肢弯曲在臀下；两腿在前，头向后靠在背部或弯曲于两腿下部等。遇到此类难产情况，应将母羊后躯垫高，以免母羊胃肠压迫羔羊。助产人员手臂消毒后，伸入产道，待母羊阵缩时将胎儿推回腹腔，纠正胎位，然后再产出。

(3) 羔羊护理

①脐带消毒

多年来，一些羔羊患破伤风病，主要是养羊户缺乏防病知识，给羊接生时，用未经消毒的剪刀剪脐带或用不清洁的线结扎脐带，甚至对脐带不消毒结扎，使破伤风杆菌通过脐部感染而发病。因此，羔羊出生后，脐部创口用3%双氧水清洗后，用消过毒的剪刀断脐，离脐带5厘米处用消过毒的线扎紧，脐端涂上3%碘酊，杀灭病菌。亦可给羔羊皮下注射1500单位破伤风抗毒素，使羊体自动免疫。

②除湿保暖

羔羊产出后，立即用干净布将口、鼻、眼及耳内黏液掏净擦干，并让母羊舔干羔羊全身，母羊不愿舔时，可在羔羊身上撒些麸皮，或将羔羊身上的黏液涂在母羊嘴上，诱它舔羔。并生火取暖，迅速将羔羊的毛烘干保暖。

③救护

遇到羔羊假死时，要立即用清洁白布擦去其口腔及鼻孔污物，如羔羊吸入黏液出现呼吸困难，可握住其后肢将它吊挂并拍打其胸部，使它吐出黏液。如无效，可将橡皮导管放入其喉部，吸出黏液。寒冷天气，羔羊冻僵不起时，在生火取暖的同时，迅速用38℃的温水浸浴，逐渐将热水兑成40~42℃，浸泡20~30分钟，再将它拉出迅速擦干放到生火的暖和处。

④及早吃乳

羔羊出生后，要让它早吃初乳，以获得较高的母源抗体。母羊产后1周内分泌的乳汁叫初乳，是新生羔羊非常理想的天然食物。初乳浓度大，养分含量高，含有大量的抗体球蛋白和丰富的矿物质元素，可增加羔羊的抗病力，促使羔羊健康生长。

⑤防寒保暖

羔羊乍离母体，体温调节中枢尚未发育完善，而春季气候多变，若不注意防寒保暖，很容易受凉患病。羔舍应建在背风向阳的地方，舍内要勤出粪尿、勤换垫干土并打扫干净。羔羊栖息处多铺垫干草干土，雪雨天寒冷时，羔舍门窗要加盖厚草帘。并生火取暖，还要防止雨水淋湿羊羔，白天让羊多到户外活动，接受新鲜空气和阳光，多晒太阳增加体内维生素 D 和胆固醇的含量，促进羔羊骨骼发育，增强抵抗力，为羔羊营造一个清洁温暖的生活环境。

⑥及时补饲

羔羊在最初一个月内，主要靠母乳获取营养，但随着日龄的增长，胃容积的扩大，仅靠母奶已满足不了羔羊生长发育的营养需要，必须及时补喂草料。羔羊出生后 15 日龄补喂草料，以优质新鲜牧草为主，将新鲜干青草吊在空中或让它自由采食。从 20 日龄起调教吃料，将炒熟的豆类磨碎。加入数滴羊奶，用温水拌成糊状，放入饲槽内，让羔羊自由嗅食，每天 20 克左右，如此 2~4 天就可学会吃食，以后便可逐步将开口食料换成配合饲料。

8.提高山羊繁殖能力的方法

不同的绵羊和山羊品种繁殖力有差异，影响繁殖力的因素也很多，主要有：遗传、营养、年龄以及外界环境条件等，但主要受遗传因素的影响。由于羊的繁殖具有一定的季节性以及较长的妊娠期，因此在规模化养羊中，提高羊群的繁殖力显得特别重要。生产中要采用各种方法，尽可能提高繁殖力，生产出更多品质优良的后代，提供更多优质的羊肉、羊毛和皮张。

（1）加强公、母羊的饲养管理

营养条件对羊的繁殖力影响很大。全年抓膘，营养条件好，母羊不仅能提前发情，而且发情整齐，排卵数增加，减少空怀率。特别是在配种前对母羊实行短期优饲，增加饲料中的蛋白质含量，补充维生素和矿物质元素，可使双羔率增加。母羊在妊娠期，加强饲养管理，可以减少胎儿的死亡率和流产率。

种公羊的营养水平对母羊受胎率和产羔率也有影响。营养状况直接影响公羊精子的生成和精液的品质，如公羊缺乏维生素 E，则出现睾丸萎缩，曲精细管不产生精子。试验证明，用全价的营养物质饲喂种公羊，母羊的受胎率、产羔率都高，羔羊的初生重也大。

(2) 加强选育和选配

选择体型健壮，品种特征明显，睾丸发育良好，雄性强，精液品质好的公羊作为种用，并注意从繁殖力高的母羊后代中选择培育公羊留种。

从多胎的母羊后代中选留优秀个体以期获得多胎性强的繁殖母羊，同时注意母羊的泌乳和哺乳性能。通过选择具有多胎遗传性的公羊配多胎的母羊，并对其后代不断选育，可以迅速提高群体的繁殖力，国外许多多胎品种的选育都是通过这种方法成功的。

(3) 引入多胎品种的血缘进行导入杂交

引进多胎品种，与我国一些繁殖力较低的品种杂交，是提咼繁殖力的最快、最有效和简便的方法。近年来，国外利用芬兰的兰德瑞斯羊、俄罗斯的罗曼诺夫羊、澳大利亚的布鲁拉羊，国内利用小尾寒羊、湖羊等多胎品种作父系与一些绵羊品种杂交，在提高繁殖力方面收到了很好的效果。目前，国内也发掘了一些多胎山羊品种资源。它们必将为我国培育多胎高产的绵羊和山羊品种起到积极的作用。

(4) 及时选择淘汰，提高适龄母羊的比例

规模化养羊中，羊群的年龄结构应有一定的比例，适龄母羊的比例在羊群中应占到60%以上，每年应选择淘汰老龄羊、屡配不孕羊和病、残羊等。特别是每年的秋后，根据饲料、草场以及人力等情况，应对羊群进行调整，减少越冬的压力，保证安全越冬，淘汰羊及时育肥上市。

(5) 人工诱产双胎、多胎

通过人为的手段，改善母羊的生殖系统环境，促使母羊卵巢上有更多的卵泡发育、成熟，提高排卵率，从而提高母 羊的繁殖力。

1.应用激素超数排卵

这种方法同超排处理一样，在知道母羊的发情确切时间和周期后，在发情周期到来的第十二天或第十三天，皮下注射孕马血清(PMSG) 600~750 国际单位，可以增加母羊的排卵率。此外，也可用促卵泡素（FSH）、促黄体素（LH）等药物，不论使用何种药物，均应根据小规模实践的情况和不同的品种，确定适宜的用量和使用时间。

2.类固醇激素主动免疫法

用人工合成的外源性类固醇激素与载体蛋白耦联，使母羊产生相应的抗体，发生主动免疫反应，从而改变母羊本身的激素反馈控制系统，以调节卵巢功能，提高排卵率。现在生产的双羔素或双胎苗就是利用该原理制成的。中国农业科学院兰州畜牧所研制成功的双羔苗，在配种前给母羊右侧颈部皮下注射 2 毫升，相隔 21 天再进行第二次相同剂量的注射，根据范青松（1990 年）等人的试验表明，能显著提高母羊的产羔率。

（七）羊管理的常用方法

1.抓绒

羊绒脱换的时间，因各地气候、羊只膘情、性别和年龄的不同而不同。气候转暖较早的地区，绒毛脱换较早。膘情好的比膘情差的脱换要早，成年羊比育成羊脱绒要早些。母羊先脱绒，公羊后脱绒。脱绒的顺序是从头部开始，逐渐向颈、肩、胸、背、腰和股部转移。因此，当发现头部的绒毛纤维开始脱落时，就是梳绒的最佳时间。梳绒分两次进行，前后间隔约 10 天。

我国一般采用手工抓绒的方法。抓绒前要准备好专用的梳绒用的金属梳子。梳子有两种，一种为稀梳（有 7~8 根钢丝组成，钢丝间间距为 2.0~2.5 厘米）；另一种为密梳（由 12~14 根钢丝组成，间距为 0.5~1.0 厘米），钢丝直径为 3.0 毫米。梳绒前 12 小时羊只要停止放牧和饮水、喂料。梳绒时，先将羊保定，使羊卧倒，梳左侧时，捆住右侧的前后肢，梳右侧时捆住左侧的前后肢。

梳绒时，先用稀梳顺毛方向，梳去草屑和粪块等污物，再用密梳从股部、腰、背、肩到颈部逆毛梳理，依次反复梳理，再逆毛梳理，直到将脱落的绒纤维梳净为止。对绒的密度较大的山羊，也可直接用细梳顺着梳。梳绒时梳子要紧贴皮肤，用力要均匀，不可用力过猛，以免抓破皮肤。梳子油腻后，不便梳绒，可将梳子在地上往返摩擦，除去油腻。抓下的绒要揉成小绒毛团，绒团要按黑、白、紫等不同颜色分别存放。从病羊身上抓下的绒要单独存放。抓绒后即可剪毛，但也可间隔 1~2 周后再剪毛。羊梳绒后要特别注意气候变化，防止羊只感冒。

2.修蹄

放牧为主的羊由于蹄质经常磨损，显得生长很慢，舍饲的羊磨损较慢，因此生长较快。如不及时修蹄，就会出现蹄尖上翻，蹄叉腐烂，不仅影响行走，而且还会引起蹄病和四肢变形，行走困难，甚至生产性能降低。

修蹄一般在雨后进行，或先在潮湿的草场上放牧，使蹄壳变软，容易修整。修蹄用的工具，可以用剪果树的枝剪或小镰刀，甚至磨快的小刀。修蹄时，一人保定羊头，修蹄人背对羊头，左手握住蹄部，右手持剪子，先把过长的蹄角质剪掉，然后再用修蹄刀削蹄的边沿、蹄底和蹄叉间，一次不可削得太多，当削到可见淡红色时即可。若出现轻微出血可以用碘酒消毒。修整后的羊蹄，要求底部平整，形状方圆，羊只能自然站立。已变形的羊蹄，每隔 10 天左右再修一次，经过 2~3 次修整才能矫正。

3.药浴

羊的药浴是规模化养羊中必不可少的一项工作，特别对于细毛羊、半细毛羊等毛用品种尤其重要。药浴的目的是预防和治疗羊的体外寄生虫，如羊疥癣、羊虱、蜱、螨等。绵羊一般一年进行两次药浴，第一次在春季剪毛后 10 天左右进行，第二次在夏末秋初进行。

常用的药浴液有：50%辛硫磷的水溶液（0.05%）、2 0%双甲脒水溶液（0.05%）、敌百虫溶液（1%）、溴氰菊酯（0.05%

~0.08%），也可用石硫合剂（生石灰 7.5 千克，硫磺粉末 12.5 千克，用水拌成糊状，加水 150 千克，煮沸，边煮边搅拌，直至呈浓茶颜色为止。冷却，取上清液，对水 500 千克，就可进行药浴）。药浴液的温度一般为 30℃左右。在药浴时应注意以下几点：

（1）不论使用何种药物配制药浴液，药液浓度都要准确。药液配好后，先用几只体质弱的羊试浴，确无不良反应时，再全群药浴。

（2）挑选晴朗无风的天气进行。药浴前半天要停止放牧和喂料，浴前 2 小时让羊充分饮水，以防止口渴误饮药液。

（3）先浴健康羊，后浴有疥癣的羊和病羊，有外伤的羊只和妊娠两个月以上的母羊，不进行药浴。成年羊和幼龄羊要分开药浴。

（4）药浴池的深度以 60~70 厘米为宜，每只羊入浴不得少于 3~5 分钟。工作人员要手持带钩的木棒，在药浴池两旁控制羊群前进，在行进过程中要用棒钩将羊的头部压入液体内 1~2 次，以防头部发生疥癣。

（5）药浴后的羊出池后要在滴流台停留 15~20 分钟，使羊身上的多余药液滴下流回药池，一方面节省药液，另一方面避免余液带出流在牧草上容易使羊中毒。

（6）药浴后将羊赶入凉棚或圈舍，免受日光照射或集堆挤压，6~8 小时后再饲喂。

（7）患有疥癣的羊 14 天后，再药浴一次。为消灭环境中的寄生虫或虫卵，可用药浴液对羊圈进行消毒。

4.羊的挤奶

挤奶包括人工挤奶和机器挤奶两种方法。机器挤奶在欧美发达国家已广泛采用。我国的奶山羊生产均以小型羊场或农户饲养为主，集约化生产很少，因此一般均采用人工挤奶。奶的分泌是一个连续性的过程，良好的挤奶习惯，会提高乳的产量和质量，降低乳房炎的发生率，延长奶山羊的利用年限和获得较高的经济收入。

产后第一次挤奶前，要剪掉乳房周围的长毛，用45~50℃的温水浸泡毛巾，擦洗乳房，然后用干毛巾擦干，保持乳房清洁。然后对乳房进行充分按摩，按摩时要前后、左右对揉，促进血液循环，这样不仅可以快速引起排乳反射，有利于挤奶，而且会促进乳腺发育，提高生产力。最初挤出的几把奶应弃掉或作乳房炎检查，然后以轻快的动作，均匀地将乳汁挤入奶桶中，在挤奶结束前，再次按摩乳房，将乳挤尽，不留残乳，以免发生乳房炎。

常用的人工挤奶方法有拳握法和指挤法两种，生产中大多使用前一种方法。拳握法的具体操作是，先用拇指和食指紧握乳头基部，防止乳汁回流，手的位置不动，然后用中指、无名指和小指一起向手心收握，压榨乳头，把奶挤出。挤奶时动作要均匀，两只手分别握住两个乳头，两手不要同时挤压或放松，要一个挤压，一个放松，交替进行。指挤法适用于乳头短小者，其作法是用拇指、食指和中指指尖捏住乳头，从上向下滑动，将乳汁挤出。

无论采用哪种方法，挤奶时都应注意以下几点：

1.挤奶前必须把羊床、羊体、挤奶场所打扫干净。挤奶容器每天要用热碱水刷洗，保持卫生。挤奶人员应健康、无传染病，挤奶时洗净双手，穿上工作服。

2.挤奶场所和人员不要经常变动，严格执行挤奶时间和挤奶程序，以形成良好的条件反射。挤奶时要保持安静，严禁打骂羊只。擦洗乳房后应立即挤奶，不得拖延。每次挤奶时，最初挤出的几把奶不要，以保证鲜奶的质量。

3.患乳房炎或有病的羊最后挤奶，其乳汁不能出售。挤出的奶要及时称重，并记录，用纱布过滤，用清洁的奶桶收集。